零基础
Procreate
厚涂插画
技法教程

荣唱 编著

化学工业出版社

·北京·

内容简介

厚涂插画通过明快的色彩、多变的笔触和肌理,来表达画面的不同意境。本书以厚涂插画为主,介绍Procreate软件的运用和厚涂人像的绘制技法。

本书主要内容有:Procreate厚涂插画绘画基础、线稿与黑白体块训练、光影与色彩的运用,厚涂少女插画局部特写、服装、配件以及单人写生训练,厚涂虚拟人物插画创作训练等。内容循序渐进,丰富实用,操作步骤讲解细致,便于零基础读者快速掌握相关知识。

本书适用人群广泛,零基础的插画爱好者、对厚涂插画技法提升感兴趣的读者、想要兼职接单的画师等都可阅读本书来学习Procreate厚涂插画。本书也可用作职业院校相关专业的教材及参考书。

图书在版编目(CIP)数据

零基础Procreate厚涂插画技法教程/荣唱编著. —北京:化学工业出版社,2024.4
ISBN 978-7-122-45154-5

Ⅰ.①零… Ⅱ.①荣… Ⅲ.①图像处理软件-教材
Ⅳ.①TP391.413

中国国家版本馆CIP数据核字(2024)第047224号

责任编辑:耍利娜   文字编辑:李亚楠 温潇潇
责任校对:李雨函   装帧设计:王晓宇

出版发行:化学工业出版社
     (北京市东城区青年湖南街13号 邮政编码100011)
印 装:天津裕同印刷有限公司
710mm×1000mm 1/16 印张14¼ 字数269千字
2024年5月北京第1版第1次印刷

购书咨询:010-64518888   售后服务:010-64518899
网 址:http://www.cip.com.cn
凡购买本书,如有缺损质量问题,本社销售中心负责调换。

定 价:79.00元   版权所有 违者必究

随着社会的进步和时代的发展，插画艺术变得更多样化，也越来越成熟，在很多地方起着不可或缺的作用。人们对设计的需求也越来越高，普通的平面设计已经不能满足现在的市场，插画便成为了视觉传达的热门行业。恰当的插画不仅使画面抓人眼球，也更能提升宣传效率。

如今插画已经渐渐覆盖了我们的生活，从简单格式黑板报、报刊宣传，到逐渐丰富的广告宣传设计、装饰画、街头涂鸦、影视设计，甚至游戏设计中都随处可见。

插画的种类也非常多，最常用的是扁平插画，被广泛运用在商业和运营设计当中，是一种针对商品来强调消费意识的插画，经常出现在手机软件页面和广告当中。艺术插画是一种以艺术形式存在，可以反映作者内心情绪和表达情感，让人们得到感性认知的插画，大部分用于装饰画、报纸、书刊等。立体插画也就是立体透视，对作者的空间想象能力及透视原理掌握程度的要求很高，一般用于场景设计以及启动页面等。还有现在广泛受人喜爱的厚涂插画，用于头像、报刊，以及表现力极强的艺术画中，是画家们经常使用的表达手法之一。

厚涂插画起源于西方油画，跟油画的表达方法一样，都是通过颜料的叠加和刮刀的涂抹来表现的。厚涂有着独特的艺术魅力，不断叠加的颜料使笔触和颜色更加饱满，不同方向的笔触代表结构的变化。一幅好的厚涂插画能表现出作者的感情、思想，并且很直观地反映出作者落笔的轻重、运笔的快慢等。厚涂的作品有质感和表现力，既能在游戏行业和平面设计中发挥不可替代的作用，受到市场欢迎，又能用作对艺术的一种表达。

厚涂插画的覆盖面越来越广，包容性也越来越强。对于一个插画师来说，掌握多风格插画，对绘画技能提升和就业都有很大的帮助。因此，笔者结合自身经验编写本书，介绍如何利用iPad来绘制厚涂插画。本书共8章：第1章，介绍掌握Procreate厚涂插画绘画基础；第2章，介绍厚涂插画线稿与黑白体块训练；第3章，介绍厚涂插画光影与色彩的运用；第4章～第7章，分别介绍厚涂少女插画局部特写、服装、配件，以及单人写生训练；第8章，介绍厚涂虚拟人物插画创作训练。全书步骤清晰，内容丰富，细节完整，案例均采用Procreate软件创作。通过基础知识、理论讲解及技能操作三个方面来综合训练。本书还包含了大量的厚涂技法，如草图效果，光影变化，冷暖关系的运用，笔触和肌理的表达，绘画与想象的诀窍。阶梯式学习，从基础到进阶，从局部到整体，更能使读者轻松快速上手。

由于笔者水平和精力有限，书中难免有不妥之处，望广大读者批评指正。祝大家学习愉快！

荣唱

扫码观看
视频课

目 录
CONTENTS

第8章　厚涂虚拟人物插画创作训练　　185

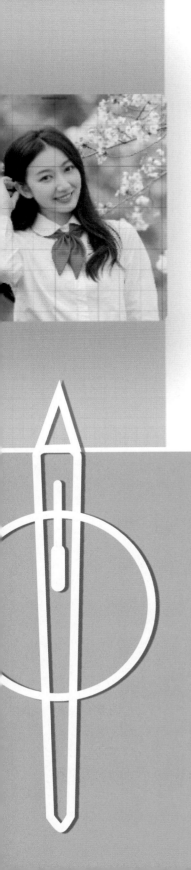

第 1 章

掌握Procreate
厚涂插画绘画基础

Procreate 是一款运行在 iPad 上的智能绘画软件，它也是很多画手都会使用的称手工具。iPad 小巧方便，且 Procreate 也很简便易上手，新手适应得更快，因此获得了大众的喜爱。虽然工具简单，但其具有非常强大的功能，不仅能绘制插画、编辑图片，还能完成平面设计、3D动画设计等。下面是 Procreate 功能的详细介绍。

1.1 Procreate软件界面布局

　　了解 Procreate 软件界面布局、基础功能以及绘图工具，可将软件分为两大块，即主页面和绘图页面，主页面包括添加画布、照片导入、作品整理几个重要功能，绘图页面包含的功能则更加全面。

1.1.1 主页面讲解

　　主页面如图 1-1 所示。

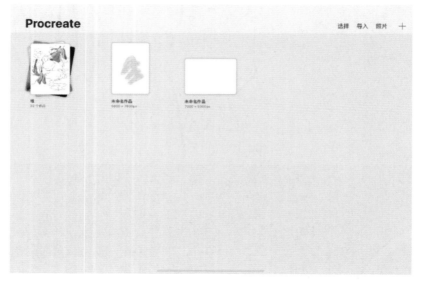

图 1-1

　　① ＋。右上角的加号表示添加画布，也可以自定义画布。

　　② 照片。导入照片，可以进行编辑。

　　③ 导入。从 iPad 中导入文件。

　　④ 选择。点击右上角的选择，每个图片下方会出现小圆圈，勾选后右上角会出现预览、分享格式、复制和删除文件等选项。

　　在点击"选择"之后，选中两张及以上图片，再点击"堆"，这些图就会被放在一个群组里。也可以使用拖拽方式，选中一张图片，将其放置在另一张图片上方，等到下方图片变蓝后立即松手，如图 1-2 所示，这样也能将图片放在同一群组里。将统一的文件归纳在一起，进入主页面时就会显得干净整洁，也方便分类整理画作。

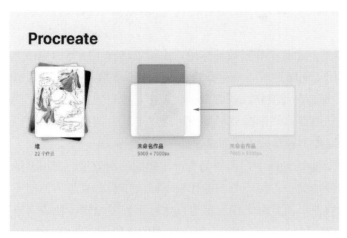

图1-2

1.1.2　绘图页面操作

绘图页面如图1-3所示。

图1-3

① 图库。返回主页面，进入图库。

② 操作工具。可以修改画布、添加照片、分享等。

③ 调整工具。魔法棒，在绘画中后期可以用来协调画面，功能类似修图软件。

④ 选取工具。可以对图形进行编辑，精准控制想要修改的部分。

⑤ 移动工具。在点击移动工具时，可以将所在图层的内容进行移动、缩放、延展等。

⑥ 笔刷工具。可以使用很多种不同笔刷效果，也可以自己制作笔刷、导入笔刷。

⑦ 涂抹工具。起到柔和过渡的作用，也可以选择不同笔刷来涂抹，一般用在明暗交界线处，用于明暗过渡。平涂类的插画基本不适用，厚涂插画使用次数较多。

⑧ 橡皮工具。在需要修改或者微调时使用，可自定义不同形状的橡皮擦。新手需要注意的是在画厚涂插画时要尽量少用橡皮工具去调整画面，可以通过叠加或是撤回来调整，这样不容易破坏画面感。

⑨ 图层栏。不同的画中，图层会有不一样的使用效果。在很多插画、设计类的图中，需要有叠加关系，每一个图层代表不同的形状和层级。使用不同图层进行创作，后期好做修改，而且每个图层都可以进行不同的编辑，使画面丰富。厚涂插画中图层数量会相应较少，因为厚涂是通过色彩的堆积所创造出的作品。

⑩ 调色盘。相当于颜料盘，所有用色都从调色盘中提取，也可设置自己喜欢的系列颜色。

⑪ 笔刷尺寸调节。向上滑动可增大笔刷尺寸，向下滑动可使笔刷尺寸变小。

⑫ 吸色工具。点击方形图标，之后点击图中任意选择的颜色，就可以成功吸取颜色。

⑬ 透明度调节。向上滑动可以使不透明度提高，向下滑动则使不透明度降低，可以画出清晰的叠加效果。

⑭ 撤回工具。返回上一步，取消当前操作，在绘画、调节图层、编辑图片中都适用。

⑮ 撤销还原。在使用过撤回工具之后，点击撤销还原即可回到撤回前的状态。

1.2 Procreate操作功能介绍

绘图之前先了解如何创建画布、导入图片、后期整理归纳图片。本节讲解绘图页面中的功能重点，带大家快速了解Procreate软件中的各个功能、工具的运用和一些隐藏小技巧。

1.2.1 新建画布

新建画布界面如图1-4所示。点击右上角的"+"号会出现一个弹窗，这里有很多自带画布，在平常普通的练习中使用"练习"画布即可，如果需要出作品，也可使用"作品"画布。没有满意的画布大小时可自定义。

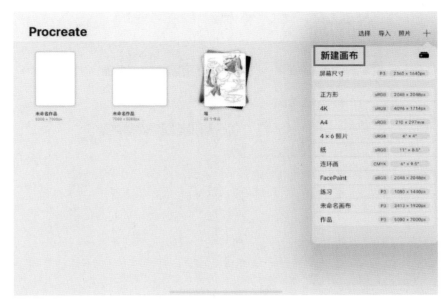

图1-4

自定义画布尺寸。作品画布宽度设为5000px（像素），高度为7000px，分辨率（DPI）设置为300，最大图层数到11（所定义的画布越大，所使用的图层数量一般情况下就会越少），如图1-5所示。

RGB是光的叠加所产生的，是显示器显示的色相，在大部分画中都会使用RGB模式；CMYK通常用在打印中，显示器呈现的色域就没有RGB广泛（平常练习用RGB模式即可），如图1-6所示。

缩放视频设置，是用来设置绘画过程中的记录视频位置和大小的，根据自己的需求来定，在绘画前设置好即可。"无损"画质会更高一些，相应的视频所占内存就会比较大，如图1-7所示。

图1-5

图1-6

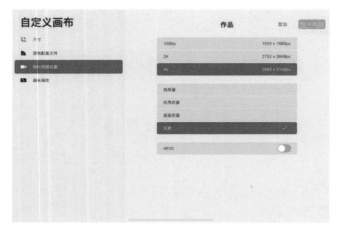

图1-7

1.2.2 操作工具

点开"操作"界面，如图1-8所示，在绘画过程中需要编辑时，可以插入文件或者图库照片，还可以进行文本编辑，字体样式、字体颜色和粗细都可以调节。"剪切"和"拷贝"是对本图层进行复制拷贝。

图1-8

"操作"中的画布栏是比较重要的，当我们建立新画布时，并不意味着画布大小就是固定的。如果需要更改画布大小，可以用"裁剪并调整大小"工具来编辑固定值，或者随意拖拽大小，并且裁剪上方也可以看到当前图层使用范围，如图1-9所示。最后一个选项是"画布信息"，可在中途再次编辑和调整本作品，如图1-10所示。

图1-9

图1-10

　　"绘图指引"是个对新手非常友好的工具，在绘画中"起型"的准确性是非常重要的，但不是每个人都对"形体"有很直观的判断力，那么这个时候就可以用到"绘图指引"工具来辅助作画。当我们打开"绘图指引"时，会出现很多小方格，也就是"2D网格"（2D网格是一种常用的网格，剩下的网格功能会在线条规范和有透视的插画或设计中用到），如图1-11所示，在后面绘画的过程中会具体讲解网格的使用小妙招。

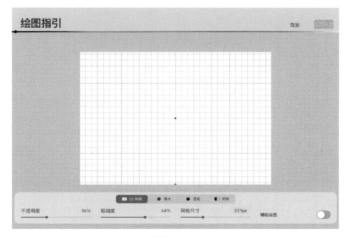

图1-11

　　点击画布操作栏中的"参考"按钮，会跳出如图1-12所示的弹窗（弹窗的大小可以通过右下角的边框进行拖拽调节），下方出现三个选项，一般比较常用的是"图像"，用来放置需要参考的图片。

图 1-12

在绘画完成之后分享图像时，按个人需求选择不同的格式进行导出，常用保存形式有以下几种。Procreate格式是源文件保存；PSD格式可以在Photoshop软件中打开，图层不会发生改变；PDF文档格式和JPEG图片格式，也是两种常用的保存格式；还有PNG透明背景保存格式，如图1-13所示。

绘画前点开"录制缩时视频"设置，绘制完将会自动保存绘画过程，可导出缩时视频至手机。导出视频分为"原视频导出"和"30秒视频导出"两种，但都是加速版的，如图1-14所示。

图 1-13

图 1-14

在开始绘画之前在"偏好设置"界面中设置偏好。现在使用的是浅色界面，晚上绘画时可将"浅色界面"关闭；"右侧界面"按钮可用来调节笔刷尺寸大小栏位置；打开"画笔光标"按钮更容易辨别落笔的位置；剩下所有工具选择默认即可，如图

1-15所示。在"偏好设置"中还可以设置画笔的压力以及平滑度，如图1-16所示。

图1-15　　　　　　　　　　　　　　　　图1-16

1.2.3　调整

"调整"界面如图1-17所示。点击"色相、饱和度、亮度"选项，出现一个"图层"工具和一个"画笔"工具，如图1-18所示。点击"图层"工具，这时可以调节"色相"（区别不同色彩的标准，可以改变颜色）、"饱和度"（色彩的纯度，指颜色的明艳程度，向右调节饱和度增加，向左调节饱和度降低）和"亮度"（指色彩的明度，向右调节明度增加，向左调节明度降低），如图1-19所示。

图1-17

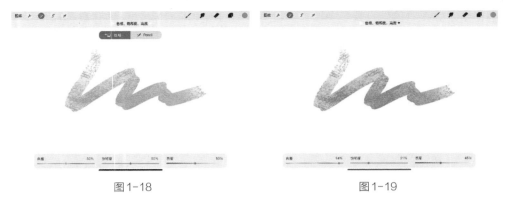

图1-18 　　　　　　　　　　　　　　　　图1-19

　　"调整"界面中的颜色平衡选项，在绘画完成后可以调节画面冷暖以及色彩倾向，有六个不同的颜色，如图1-20所示。在不熟练的情况下可以每个都拖动尝试，若想偏向冷色调可调动蓝色紫红，偏暖色调调动红色黄色。

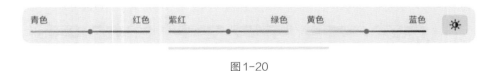

图1-20

　　曲线选项中的"伽玛"工具，如图1-21所示，用笔尖点住中间的小圆点向上拖动画面会整体变亮，向下拖动会整体变暗，还可以点击线段任意位置添加调节点（调节至右上角的区域是亮面，左下角区域是暗部）。红绿色曲线是调节偏绿和偏红色调，以形成互补色，向上调节曲线变蓝紫色，向下调节变黄色。

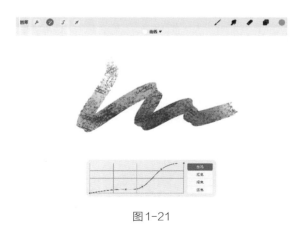

图1-21

　　模糊效果呈现有三种。"透视模糊"通过向左或者向右滑动来调节模糊程度；"高斯模糊"如图1-22所示，整体模糊度均匀，图片的噪点少，像素同时模糊，可以用于静态场景或人物，一方面可以虚化周围，另一方面还可以烘托效果；"动态模糊"

如图1-23所示，像素有一定方向的模糊，可用来模拟高速移动场景，比如有车辆行驶的街道等。"透视模糊"物体在不同位置、不同排序上有前后关系的透视，可以调节物体之间的远近关系。

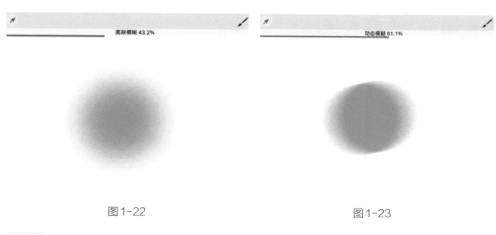

图1-22 图1-23

提示

"高斯模糊"和"动态模糊"比较常用，"透视模糊"在场景运用上使用较多。

"液化工具"可以用来调整一个或多个图层，如图1-24所示。"推"的功能就如同常见的瘦脸工具；"尺寸"可调节画笔大小；"压力"用来调节画笔的强度；"失真"和"动力"都是无规律的变化，用得比较多。中间的"顺时针转动""捏合"等工具都是不常使用的效果工具。常用的还有最后三个工具，分别是"重建"（使用笔尖点击想还原的位置可进行局部还原）、"调整"（给所有液化效果进行不同强度的还原）和"重置"（一键还原到初始状态）。

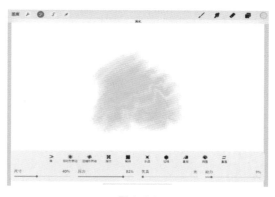

图1-24

1.2.4　选取和移动工具

点击"选取"工具，选择自动或者手绘，如图1-25所示。可用不同形状选区工具添加选区，如矩形、椭圆形等，形成虚线范围，如图1-26所示。图片被选中后，再使用最下栏编辑工具进行编辑。

图1-25

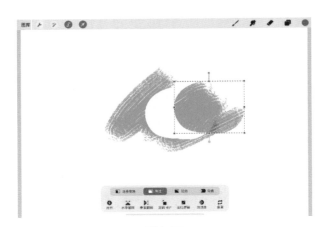

图1-26

选取工具常配合移动工具来使用，如果只点击移动工具，是针对图层整体进行调整，但使用选取工具选取局部后，可再使用移动工具针对局部进行调整。

1.2.5　笔刷工具

（1）"笔刷"工具

点开"笔刷"，左边栏是笔刷分组，软件自带笔刷有很多，对于新手也十分友好。如果没有合适的也可以自行添加，点击"+"就可以任意添加笔刷，最后可归纳成自己的小笔刷库，如图1-27所示。如需移动笔刷，按住选择的笔刷拖到对应分组里，等待对应的分组变灰后立即松手即可。如果想编辑图层名称，可以点击图层名称前面的小图标，就可以重命名、复制或者删除，还可以将笔刷分享给他人，如图1-28所示。

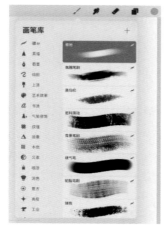

图1-27

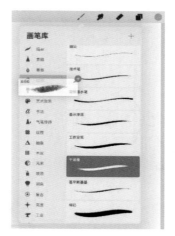

图1-28

（2）画笔工作室

双击要编辑的笔刷，在"画笔工作室"可进行很多不同的操作设置。"描边路径"可以调节间距、流线、抖动、掉落等描边属性（一般选择默认值即可），如图1-29所示。同一笔刷设置不同，得到的效果也是不同的，如图1-30所示。如果操作中感到不好控制，有两种解决方法，第一种方法是开大平滑度，第二种方法是可以将"流动"数值调至20%～30%。

图1-29

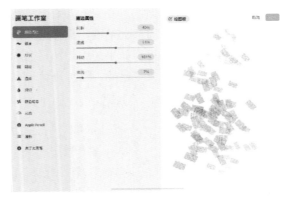

图1-30

"画笔工作室"界面可设置"颗粒",有动态和纹理化两种颗粒行为,都可以调节画笔的粗糙程度、比例、深度。想要调节颗粒质感强弱,可向左或向右调节"移动":向右滑动颗粒更粗糙,如图1-31所示;向左滑动颗粒更柔和,如图1-32所示。

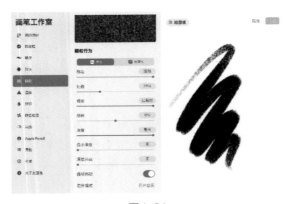

图1-31

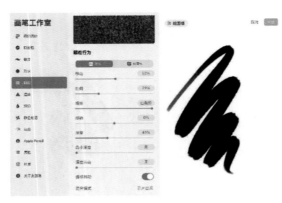

图1-32

（3）属性

绘画中若在调节时不能直观感受到笔刷粗细变化，那可以在"属性"中调整参数，把画笔行为中的"最大尺寸"拉至最大，还可以调节"最小尺寸"以及"不透明度"等，如图1-33所示。

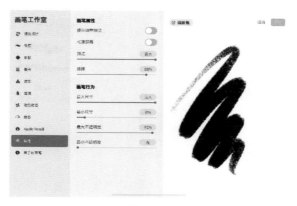

图1-33

"关于此画笔"选项可更改笔刷名称、显示作者信息和重置画笔等，如图1-34所示。

图1-34

1.2.6　橡皮工具

橡皮工具和笔刷工具共用一个笔刷库，可以任意选择不同形状的橡皮擦来使用，如图1-35所示。橡皮可以擦去不需要的部分或者减弱对比，通过调节画布左边的透明度和落笔的轻重，来使颜色达到不同的强弱效果（厚涂中少用橡皮，多用笔刷的叠加来表现）。

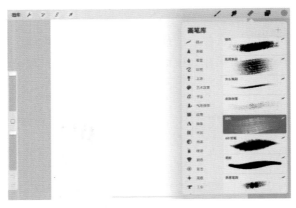

图1-35

1.2.7 涂抹工具

涂抹工具也是和笔刷工具共用一个笔刷库，也可以通过调节透明度和落笔轻重表现画面效果，一般应用在人物的脸部、服装等需要柔化和虚化的地方，如图1-36所示。"画笔工作室"中也可以调节涂抹强度。涂抹强度高，不透明度就高，落笔重时，可以将颜色快速地混合，并且能看到笔触以及方向，使画面富有张力；涂抹强度低，不透明度低，落笔轻时，可以将颜色充分柔化并带有色相，并且使画面有朦胧感，如图1-37所示。

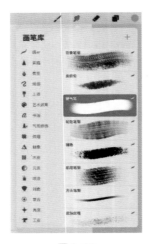

图1-36

图1-37

1.2.8 调色盘

① 色盘。外环调整色相，内圈调整明度或饱和度，如图1-38所示。色盘下方的

颜色都可以在调色盘中设置。

　　② 经典。方块内相当于色盘的内圈，下方有三个横条，第一个代表色相，第二个代表饱和度，第三个代表明度，如图1-39所示。

图1-38

图1-39

　　③ 色彩调和。色盘有两个圈，选色只需要移动大的圆圈，点击内圈时就会选中补色，如图1-40所示。下面的横条可以调整整个色盘的明度。

　　④ 值。"H"是色相；"S"是饱和度；"B"是明度；"RGB"值是用来调整参数的，但直接拖动很难找到合适的效果。更高效的使用方法是在配色网站中找到自己想要的颜色的"RGB"值，再进行输入，可以精准找到想要的颜色，如图1-41所示。当然也可以设置"十六进制"的值。

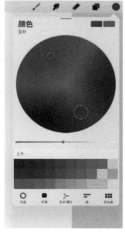

图1-40

图1-41

⑤ 调色板小妙招。自动生成调色板，如图1-42所示。

图1-42

⑥ 分屏。在Procreate页面从下往上拉出菜单栏，拖至左边或右边（使用这个方法在绘画中可将参考图放置到另一边进行参考比对）。

选中图片拖到调色盘当中再松手，就会自动生成照片上的调色盘（可以帮助不善于配色的新手快速配色），如图1-43所示。也可以点击调色板右上角的"+"号来创建新调色板，如图1-44所示。

图1-43

图1-44

1.3 Procreate图层的使用技巧

（1）"新建"图层

点击右上角的"+"号即可新建图层，如图1-45所示。新建的图层方便编辑，大大节省了后期修改时间，只需打开相应的图层就可以修改局部。

（2）背景颜色

不算是一个图层，因为没有编辑功能以及隐藏功能，是独立存在的。设置背景时只需要点击背景颜色就会弹出颜色栏，选择合适的颜色即可，如图1-46所示。

图1-45   图1-46

点击"图层"按钮，进入"图层"界面，任意点击图层方框会跳出几个选项，如图1-45所示。

① 重命名。重新命名"图层名称"，方便在多个图层中找到目标图层。

② 选择。选中当前图层中的所有像素，再使用"选择"或"移动"工具对其进行编辑。

③ 拷贝。复制图层，再用三个指头在屏幕中向下滑动进行粘贴，最后可以用"移动"工具来将所复制图层放到合适的位置。

④ 填充图层。将整个图层添加颜色，会覆盖当前图层的其他元素。

⑤ 清除选区。删除当前图层上的所有东西。

⑥ 阿尔法锁定。也就是不透明度锁定。在锁定后只选择锁定图案内的地方编辑，图案之外的地方变成了透明的，如图1-47所示，这一方法常用于添加细节肌理。

图1-47

快捷方法是双指按住图层向右滑动，即可锁定图层。取消锁定是双指向右再滑动一次。

⑦ 蒙版。点击蒙版后会出现两个蓝色的被选中的图层，上面的图层就是蒙版图层，当我们需要多次修改时保留原有图像，可以在图层蒙版中进行修改，如图1-48所示。在蒙版中，黑色橡皮可以擦除内容，白色橡皮则可以恢复，如图1-49所示。不同于蒙版，橡皮擦过之后时间久了就不能恢复了，但蒙版是一个图层，内容不会丢掉。同样都是锁定绘画区域，阿尔法锁定是在同一图层锁定，蒙版是在不同的图层修改，常用于局部调色和修改。

图1-48

图1-49

⑧ 剪辑蒙版。在图像内的原有图层的基础上添加新的剪辑蒙版。新建图层后点击剪辑蒙版，在缩略图的左边会多出一个向下的小箭头，表示这个图层是该图层的剪辑蒙版，如图1-50所示。

⑨ 反转。将当前图层上的所有颜色变成互补色，使用较少，如图1-51所示。

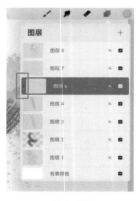

图1-50

图1-51

⑩ 参考。画完线稿时填充的颜色会和线稿在同一图层上，这个时候就需要点击"参考"，将线稿设为参考图，在下方新建一个图层，直接填充的颜色也会在封闭线稿范围之内。

提示

将线稿设为参考图，放置在上方，在线稿下方建立新图层，如图1-52所示。

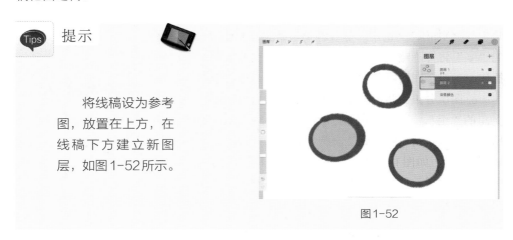

图1-52

⑪ 向下合并。将两个图层合在一起，这样既可以节省图层，也可以方便归纳。

合并图层有常用的两种方法。第一种是点击缩略图，在最下面会有向下合并（与下面的图层合并）和向上合并（与上面的图层合并）选项。第二种快捷方法是两个指头分别按住两个想要合并的图层同时向中间滑动（捏合），如图1-53所示。

将图层向左滑动会出现几个工具，如图1-54所示。

图1-53

图1-54

a. 锁定。有三种方法：第一种方法是点击缩略图，弹出栏框之后，点击"阿尔法锁定"；第二种方法是双指向右滑动；第三种方法是一指向左滑动再点击锁定。

b. 复制。复制该图层。

c. 清除选区。删除当前图层以及图像。

d. 图层隐藏功能。点击"N"会弹出隐藏栏，可以调节笔刷透明度，也可以调节整个图层透明度，以及"变暗""颜色加深""正常"等各种调节效果。点击"N"旁边的"√"将会隐藏图层，隐藏之后不可以在该图层上绘制和操作，一般会在绘制草图时会用到，如图1-55所示。

e. 图层分组。将要分组的图层分别向右滑动，再点击右上角的"组"，会把选中图层分到同一个列表里，如图1-56所示。再次点击"新建组"会弹出重命名（修改名字）和平展（合并），如图1-57所示。图层分组是比较好用的，如果图层数量较多，使用图层分组可以有效归纳，例如将头发分组为头发暗面、头发亮面、高光等。

图1-55

图1-56

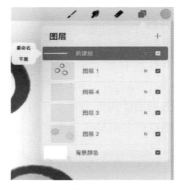

图1-57

1.4 常见问题处理技巧

Procreate的操作虽然比Photoshop简易，但对于新手来说还是会碰见很多难题，其中比较常见的问题有页面的重要快捷手势、笔刷的质感和肌理、笔刷的用途，以及如何快速填充颜色等。

1.4.1 Procreate操作手势

（1）图库界面

长按作品拖至想要的位置，移动作品，如图1-58所示。在作品处向左滑动可分享、删除和复制作品，如图1-59所示。

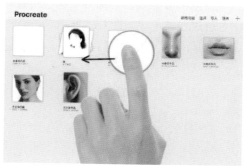

图1-58　　　　　　　　　　　　　　　　图1-59

　　双指扭转，可改变画布方向，如图1-60所示。两个指头选中作品向两边拉开，可阅览作品，如图1-61所示。

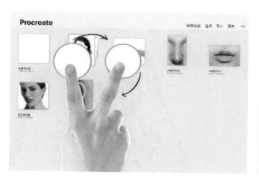

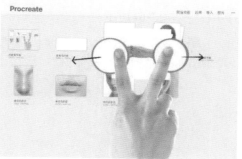

图1-60　　　　　　　　　　　　　　　　图1-61

　　单击未命名作品，可修改作品名称，如图1-62所示。长按作品拖至另一个作品上方，可将作品放置在一个分组中，如图1-63所示。

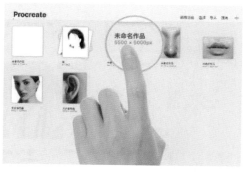

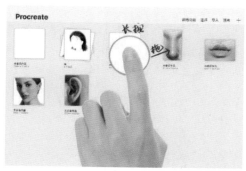

图1-62　　　　　　　　　　　　　　　　图1-63

（2）画布页面

长按橡皮擦或者"涂抹工具"可使用当前笔刷，如图1-64所示。长按想选择的颜色可进行吸色，如图1-65所示。

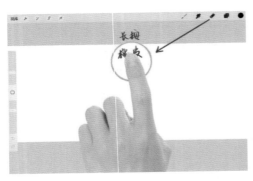

图1-64

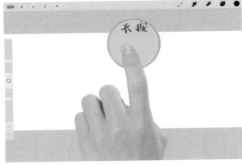

图1-65

双指向外或向内滑动，以调整画布适应屏幕，如图1-66所示。单指拖拽颜色进行填色，如图1-67所示。

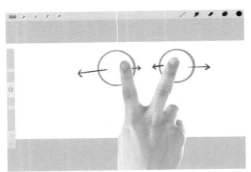

图1-66

图1-67

两个指头单击画布可撤回，如图1-68所示。三指单击画布可重做，如图1-69所示。

图1-68

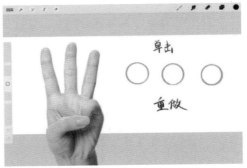

图1-69

三指向下滑动可拷贝和粘贴，如图1-70所示。四指单击可清除画布内容，如图1-71所示。

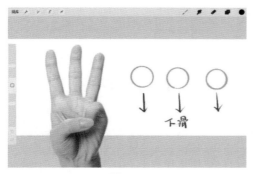
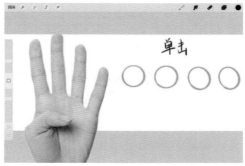

图1-70　　　　　　　　　　　　　　　图1-71

（3）图层界面

单击该图层向右滑动可选择，如图1-72所示。单击该图层向左滑动可锁定、复制或删除，如图1-73所示。

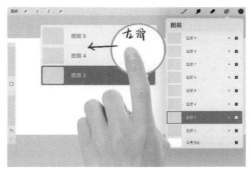

图1-72　　　　　　　　　　　　　　　图1-73

两个指头向右滑动可进行阿尔法锁定，如图1-74所示。两个指头单击可调整不透明度，如图1-75所示。

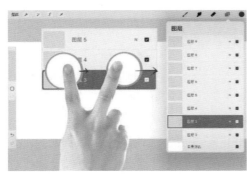
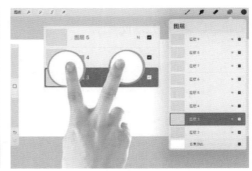

图1-74　　　　　　　　　　　　　　　图1-75

点击上下图层，两个指头向内捏合可对其进行合并，如图1-76所示。双指长按可调出图层选区，如图1-77所示。

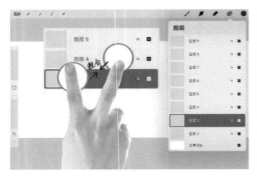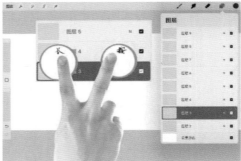

图1-76　　　　　　　　　　　　　图1-77

（4）自定义手势

点击操作栏中偏好设置，打开手势控制，如图1-78所示。可自定义手势设置（设置几款常用的即可），如图1-79所示。

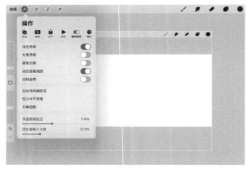

图1-78　　　　　　　　　　　　　图1-79

1.4.2　笔刷质感使用技巧

（1）线稿笔刷（如图1-80所示）

① 6B铅笔。"6B铅笔"笔刷可以用来画草稿，有很强的粗糙感，可以使线条更松弛随意。

② 阴影笔刷。"阴影笔刷"线条更柔和，可以用于勾线稿。笔触较软，没有很强的粗糙感，画出的东西比较规整，可以在画毛发时用到，能做到粗细变化有致。

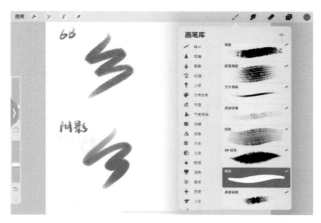

图1-80

（2）铺大色块笔刷（如图1-81所示）

① 尼科滚动。"尼科滚动"笔刷是软件自带笔刷，深受画者喜爱。"尼科滚动"笔刷可以把笔头放得很大，自带肌理可以透出底层颜色，笔头成方形所以也适合狂野画风。

② 硬气笔。"硬气笔"笔刷是圆笔头，比较柔和，适合画皮肤，不用"涂抹工具"也能做到虚实有度。

图1-81

（3）虚化笔刷（如图1-82所示）

① 喷枪。"喷枪"笔刷是很多涂鸦画师喜爱的工具，"喷枪"笔刷跟现实生活中的喷漆类似，没有很强的轮廓线，像素点比较发散，没有完整的形。在背景虚化或虚化物品时可以用到"喷枪"笔刷。"喷枪"笔刷在画带反光的物体时较常用，如皮衣、不锈钢、人物的皮肤和眼球等。

② 奥伯伦。"奥伯伦"笔刷用途比较多，可以用于背景虚化或添加面部肌理，也可以用于皮肤细化。

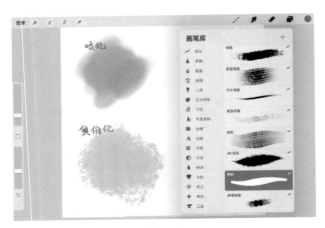

图1-82

（4）细化笔刷（如图1-83所示）

① 细化。"细化"笔刷的肌理感较强，边缘较硬，所以在后期五官细化和皮肤卡点时经常用到。

② 质感。"质感"笔刷的纹路不是特别粗糙，但也有较弱肌理，对皮肤的塑造会很有帮助。

③ 肌理。"肌理"笔刷像轮胎印，可以用于服饰或物件，有较强的视觉感和纸质感，大部分时候在后期使用。中间空隙比较大，不适用于前两遍铺底色。最好前期使用缝隙较小的笔刷，后期再使用"肌理"笔刷去制造肌理感，这样画面才能够更显整体化。

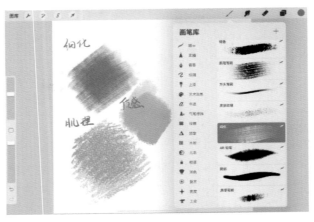

图1-83

（5）背景笔刷（如图1-84所示）

① 氛围。"氛围"笔刷的肌理感较强，类似于树木茂盛的枝叶，边缘不规则。

② 铺色。"铺色"笔刷比较整体化，没有很多空隙，边缘呈现点状，可以用于第一遍铺色，也可用于后期丰富背景。

③ 背景。"背景"笔刷类似于"肌理"笔刷和"细化"笔刷，有很强的肌理感，和别的笔刷有所不同的是"背景"笔刷会自动调节色相，如果不喜欢调节的颜色可以在笔刷设置中关闭。

图1-84

 提示

　　　三个笔刷用途类似，在调完背景色之后新建图层，添加背景肌理，根据不同需求使用图1-84中这三款笔刷，使用笔刷时将不透明度调低，颜色明度、饱和度降低。

（6）发型笔刷（如图1-85所示）

① 毛发。前期，头发部分先用"尼科滚动"笔刷来铺大色块和分体块，在分完组的情况下，再次分组才会用到"毛发"笔刷。"毛发"笔刷是按组来画的，偏向整体编辑。

② 头发。后期需要画出根根分明的效果就要用到"头发"笔刷。"头发"笔刷常用于睫毛、眉毛、头发的塑造。

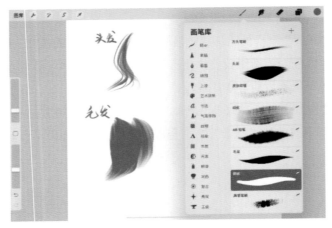

图1-85

（7）皮肤肌理笔刷（如图1-86所示）

① 皮肤纹理。画雀斑或者喷射墨汁时都可以用"皮肤肌理"笔刷，间隔比较大，有很强的透气感，如果放大看会像墨汁洒出的感觉。

② 皮肤1。"皮肤1"笔刷可以用于人的皮肤，画出像毛孔一样的肌理，在绘画后期轻轻带入即可。

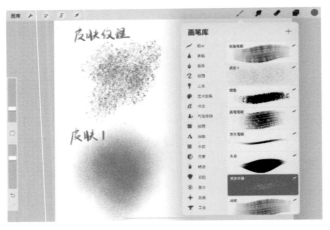

图1-86

1.4.3 快速上色小技巧

在绘制厚涂插画或是绘制平面插画时常会碰到画画留白底的情况，这是大忌！留白底就等于没有绘制完成，或是遇见不封闭的图层就不知道如何快速上色了。下面给大家分享几个小妙招。

（1）线稿闭合填色方法1

当图是全封闭状态时，直接拖取选择好的颜色，这是常用的一种方法，但这样直接拖拽的缺点是线稿和颜色在同一图层，不好做后期修改，如图1-87所示。

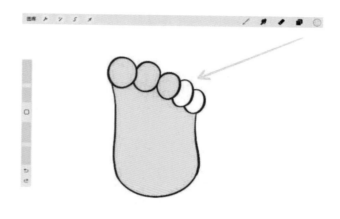

图1-87

（2）线稿闭合填色方法2

在线稿图层下方新建图层，再将线稿设置为参考，如图1-88所示。选中新建图层之后，点击选取工具中的自动选区，最后打开"颜色填充"就可以任意添加颜色，如图1-89所示。这时线稿和颜色不在同一图层，修改起来非常方便，最后填色完记得关闭参考。

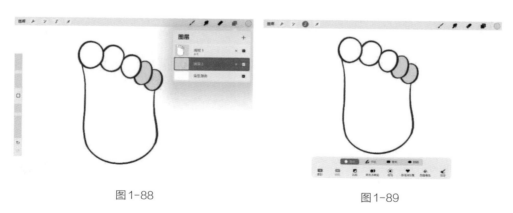

图1-88　　　　　　　　　　　　　　　图1-89

（3）线稿不闭合填色方法1

手动选区上色，打开选区工具，点手绘勾出想要填色的图形，如图1-90所示。

确定好选区后，点击画笔就可以在选区内任意上色了（适合画细节），如图1-91所示。

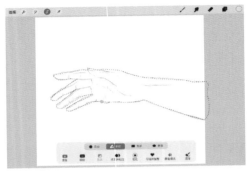

图1-90

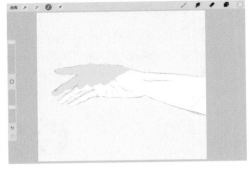

图1-91

 提示

需要注意的是勾虚线时要非常小心，要不然很容易画出主体外部。

（4）线稿不闭合填色方法2

点击自动选区工具，先点击画布空白不需要填色的部分，如图1-92所示。再点击反转，可以直接将当前调色盘的颜色平铺在需要填色的部分，方便快捷，如图1-93所示。

图1-92

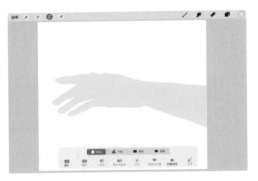

图1-93

 提示

使用这个方法时，很多初学者在自动选区部分会出现不能完整将主体选中的情况，这时可以将线条补齐或者把笔放置在屏幕上向右或向左拖动进行调节。

（5）线稿不闭合填色方法3

新建图层，在新图层中把需要上色的部分填充为灰色，如图1-94所示。

将图层进行阿尔法锁定，再上色过渡就不会画出主体部分，如图1-95所示。

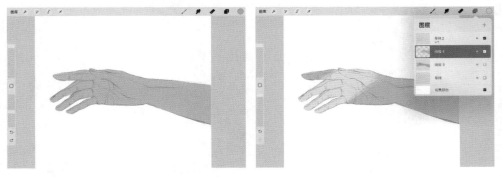

图1-94   图1-95

 提示

　　先铺灰底色，这样后面铺色时可以用"肌理"笔刷，不会留白，是比较实用的小技巧。

第 2 章

厚涂插画线稿与
黑白体块训练

　　不论是原画、扁平插画、厚涂插画，还是漫画，线稿都处于主导位置，从线稿作画到色块作画都是绘画初期的重要表现手法，线条能力出色会给整张画面增添不少看点。厚涂中的线稿与体积都是不可或缺的重要环节，也是一个画手的基本功体现。

2.1 关于人体结构

　　以前，艺术家为了将人物画得逼真，会通过解剖和观察尸体，不断地了解人体结构。现如今画手很少再去参与解剖过程，而是通过人体模型或人体结构书籍来学习。人体结构是美术学中不可缺少的一部分，在厚涂人物中，不论是线稿还是黑白体块都是建立在对人体结构有一定的了解之上的。

2.1.1 颅骨结构

　　头在身体中占比不大，但却极为重要。了解人体颅骨结构，能大大提升打型的效率。

　　人的面部结构和颅骨结构，如图2-1和图2-2所示。

　　① 顶骨。在头顶处，呈比较规则的半球体状态。

　　② 颞骨。在太阳穴的位置，是球体中凹陷下去的部分。

　　③ 眉弓。眉弓骨在眼眶的上方，是额头下方突出的位置。

　　④ 颧骨。欧洲人的颧骨比较突出，亚洲人的颧骨就偏扁平。

　　⑤ 眼眶。眼睛和眼窝都是凹陷状态，绘画时一般处于暗面。

　　⑥ 下颌角。是咬肌的位置，女生的下颌角偏圆润，男生的下颌角偏方。

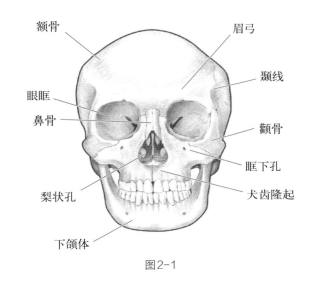

额骨　眉弓　颞线　眼眶　鼻骨　颧骨　眶下孔　犬齿隆起　梨状孔　下颌体

图2-1

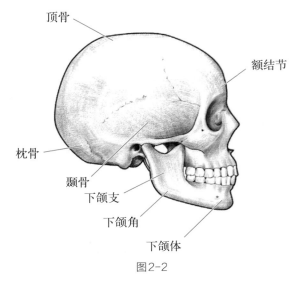

顶骨　额结节　枕骨　颞骨　下颌支　下颌角　下颌体

图2-2

2.1.2　三庭五眼

当脸部处于大正时，三庭五眼分布如图2-3所示。

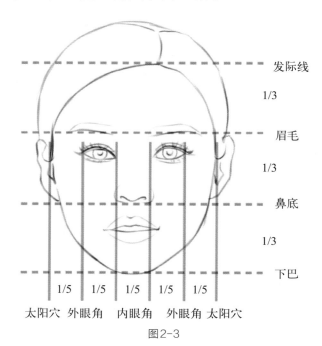

图2-3

① 三庭。指的是从发际线到下巴分成三等份，分别是从发际线到眉毛的部分、从眉毛到鼻底的部分、从鼻底到下巴的部分。

② 五眼。指将脸横向分为五等份，一只眼睛的宽度等于一等份，脸的宽度约为五只眼睛的宽度。

 提示

　　三庭五眼只有在脸处于大正状态时才会出现，如果角度不同，透视也会有所不同，那么也就不会有标准的比例。

2.1.3　透视线

人脸部的透视线如图2-4所示。

① 头顶线。头的最高点，头发凸起的高度不算，是头颅的最高点。

② 眉弓线。眉心与眼窝的连接处，也就是指眉毛的所在位。

③ 眼睛透视线。内眼角与外眼角连线，处在整个头部的1/2处。

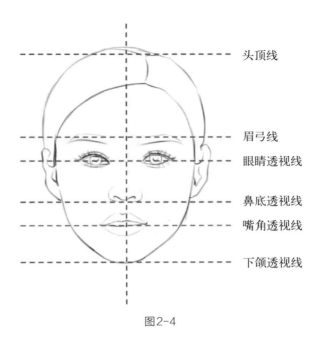

头顶线

眉弓线
眼睛透视线

鼻底透视线
嘴角透视线

下颌透视线

图2-4

④ 鼻底透视线。鼻子底部的位置，处在眼睛和下颌的1/2处。

⑤ 嘴角透视线。两个嘴角的连接处，嘴巴在鼻底和下巴的1/2处往上一点的位置。

竖线为中心线，也就是基准线，能更好地确定五官的位置。

 提示

根据整个头部的动势和角度以及不同人的特征所变化，标准的五大透视角度如图2-5和图2-6所示。

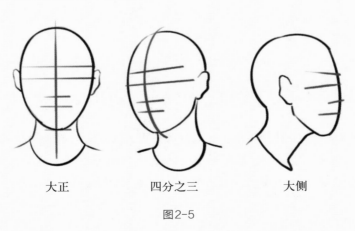

大正　　　　　四分之三　　　　大侧

图2-5

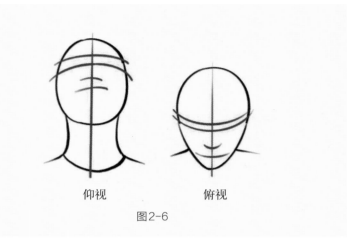

仰视　　　　　俯视

图2-6

人脸部的透视共分为五大透视角度。因为头部是球体，所以透视线和中心线多为弧线。

① 大正。三庭五眼特征表现最为明显的角度。大正时很容易确定五官位置，但下颌角的位置就不太明显了（大正两个下颌角都要画出准确的形状）。

② 四分之三。这个角度是最容易掌握的，五官动态明显，下颌角位置容易确定，整个头部也有一定的动势，不会显得很呆板。

③ 大侧。看不到另外一侧，只能通过五官的起伏来勾勒出脸的轮廓，五官占头部的视觉比例较小。

④ 仰视。在很多设计当中会用到仰视，头部的动态很明显，会给人带来一种夸张感和冲击感，很有视觉效果，能突出画面。

⑤ 俯视。头顶面积偏大，五官面积较小，会有一种视觉压迫感，并且不容易表现人物特征，新手尽量避免选这种角度的参考图。

（2.2）　常用的3种起型方法

对于新手来说，主体画得不像、人物形态别扭都是经常遇到的问题，当这些问题产生时就会怀疑自己是否适合画画，从而丢失信心。其实做任何事都是有技巧的，画画也是如此。起型是画好一幅画的第一步，起型方法分为网格起型法、几何起型法和延长线起型法，学会应用这些起型方法后，能提升起型线条的准确性，以及提高快速抓住人物动态的能力。

2.2.1 网格起型法

网格起型法和副型起型有点类似，用来快速确定下笔位置。如图2-7所示，当不确定颧骨线在整个画布的什么位置时，建立网格，可以快速找到颧骨线在网格中的位置。还可以通过正副型的大小比较来确定颧骨线的位置，图中绿色区域就是正型，红色区域是副型。

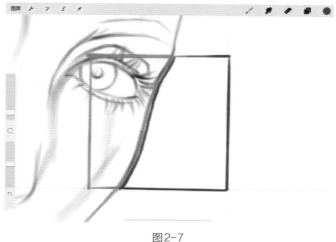

图2-7

具体操作案例步骤如下。

① 点击"操作"界面中的"插入照片"选项，把参考图导入，再单击"操作"界面中的"画布栏"，设置"裁剪并调整大小"，根据参考图调整合适的画布长宽，如图2-8所示。

图2-8

② 在"操作"界面中的"画布栏"中打开"绘图指引"工具，点击"编辑"-"绘图指引"，将不透明度调至14%，网格尺寸为205px（根据不同画面而定，但格子不要过大或过小）。完成后同时按开关键和音量减小键截图，保存至相册，如图2-9所示。

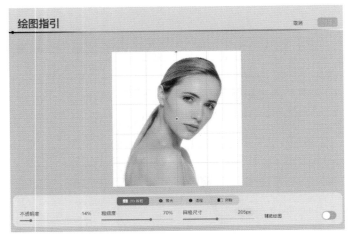

图2-9

③ 在"画布栏"中打开"参考"，点击图像中"导入"，添加刚刚加过网格的照片。前期工作已经准备好了，接下来整体观察人物，发现人物处在画面正中间的位置，是四分之三偏侧的角度，整个头的动态是向右微微低头。用线条大概勾勒出主体的最高点、下巴点和脸部最宽的地方，肩膀的位置用直线概括，再去找五官的透视线，最后把断开的位置稍稍连接，如图2-10所示。

图2-10

④ 在有动态线以及透视线的基础上，用点大概确定好眼睛的宽度、鼻梁骨的宽度、鼻翼的宽度和嘴角的位置，如图2-11所示。

图2-11

⑤ 用松弛的线条画出五官具体的形状和整个外轮廓，线条要灵活，不要显得太呆板，睫毛可画可不画，上眼睑的厚度要带出，如图2-12所示。

图2-12

 提示

如果是为了后期铺色而打草稿，画到这一步就大体够用，能看清整体的结构，且线不要太过圆润即可。在后期画完整图时，可为图层添加备注，如：草稿1、草稿2、草稿3等。以上5个步骤都用到"6B铅笔"笔刷。

⑥ 需要细致的线稿时，可以用"阴影"笔刷再勾勒一遍线稿，把之前的图层隐藏，切记线条不能太僵硬，尤其是脸部边缘，如图2-13所示。

图2-13

⑦ 在勾完线稿之后，把笔刷调大，轻轻地将明暗交界线带出，描绘眉弓、鼻底、唇底、脸的转折处线条、头发的转折处线条和脖子上的投影，为了方便后期上色，分出明暗关系，如图2-14所示。

图2-14

2.2.2　几何起型法

① 同网格起型法一样，确定头部、肩膀、胳膊的最宽点和最高点，达到通过肩膀和头的倾斜度就能感觉出整体动态的效果，如图2-15所示。

图2-15

② 几何起型就是用几何形体描绘线稿。头是球状的，从嘴巴到头顶就画个圆。参考图是仰视角度，因此下巴也就成了方形。因为五官透视线是仰视角度，所以眼睛透视线在头部中间偏上一些，鼻子透视线在眼睛和下巴的中间偏上，最后别忘了五官的中心线，如图2-16所示。

图2-16

③ 用点定好眼角宽度、鼻子宽度和嘴巴宽度，如图2-17所示。后面的几个步骤大同小异。

图2-17

④ 把图层不透明度降低，新建图层，在新图层上画出五官的具体形态，如图 2-18所示。

图2-18

⑤ 用"阴影笔刷"把线条优化，区分五官的明暗面、头发的转折处、衣服的阴影等，如图2-19所示。

图2-19

2.2.3 延长线起型法

① 观察图片，如图2-20所示。延长线起型法就是通过拉延长线确定下一笔的位置，可以先在参考图中用长线描绘眼角、鼻孔、鼻翼、嘴角和下巴的延长线。

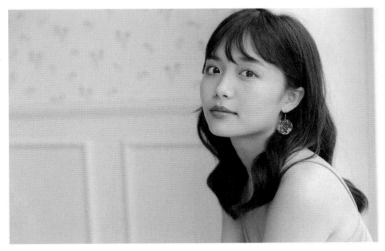

图2-20

② 还是同样的方法，确定主体的最高点和最宽点，概括地画出外轮廓。这里在不同的转折点都可以用延长线来寻找位置，比如图中蓝色线条能看出头顶最高点位置在头发1/2处的延长线上，红色线能看出下巴的位置在刘海转折处延长线上，通过延长线来找到下一步的位置，如图2-21所示。

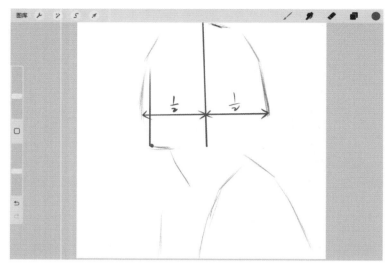

图2-21

③ 确定好外轮廓后，再通过外形推断出五官的位置，例如：图中蓝色线条表明刘海在头部的2/5处，耳朵的位置在右边头发的1/2处；红色线条表明头发转折处在下巴延长线上，如图2-22所示。

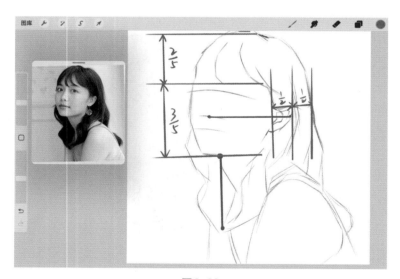

图2-22

④ 勾出流畅的线条，每一个转折处都要通过比较来定点，越需要描绘细节的地方，使用延长线起型法就越容易准确地找到位置。例如，图中右边眼睛的眼角在右边嘴角的延长线上，耳朵最高点和鼻尖处在同一高度，等等，如图2-23所示。不断地比较后，再通过点来拉线的方法定其他点，之后再相连。

图2-23

2.3 人像的体积感表现

在厚涂绘制中，除了要了解人物骨骼结构外，更需要了解肌肉的结构，结合光源后，主体就会发生有强有弱的体积变化。脸部的结构和明暗是相辅相成的，有时可以通过黑白灰或明暗交界线来起型，人物脸部的凹凸不平再加上光影效果，就会有明暗关系，想要画出体积也可以参照结构的轻重和起伏。

2.3.1　三大面和五大调子

① 三大面。指主体受光以后因明暗不同所被分出了三个面，即亮面、灰面和暗面，如图2-24所示。

② 五大调子。在三大面的基础上，细分了五个小面，分别为明暗交界线、灰面、反光、投影和高光，如图2-25所示。

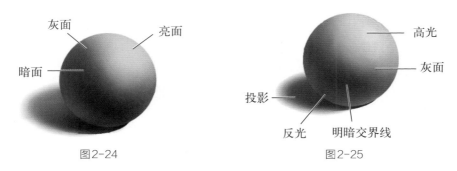

图2-24　　　　　　　　　　　　　　　　图2-25

2.3.2 头部的骨点与肌肉

在绘画中，肌肉与骨骼一样重要，头部的肌肉对表情有着十分大的影响，肌肉的走向也影响着笔触方向的变化。不同的受光点，明暗交界线也会有所变化。

最主要的肌肉有额肌、皱眉肌（当皱眉肌发力时会出现沮丧、生气的表情）、眼轮匝肌（包裹着眼球生长）、提肌、口轮匝肌、咬肌、下唇方肌，如图2-26所示。不同的肌肉有着不同的块面以及走向，因此了解肌肉能帮助我们理解笔触的朝向。

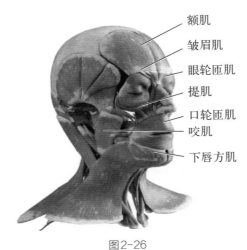

额肌
皱眉肌
眼轮匝肌
提肌
口轮匝肌
咬肌
下唇方肌

图2-26

笔触方向是根据肌肉生长方向而定的，如图2-27所示：眼睛周围线条呈环形是因为眼轮匝肌包裹着眼睛，鼻梁骨两侧包括法令纹的线条是向斜下方的，嘴角笔触向上，整个额头呈球状，可以当作球体画。与此同时，肌肉结构也会随着年龄的增长而产生变化。

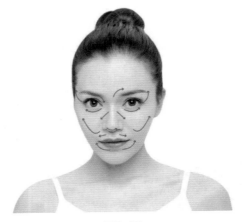

图2-27

2.3.3　少女的黑白体块表现

绘画首先要确定好形体，再表现明暗关系，最关键的是如何画得神似，能否通过笔触的走向、亮暗面的体块和肌肉结构来塑造形象。

① 起型，保证人物的协调，头发分成几个体块即可，确定五官在脸部的位置，如图2-28所示。

图2-28

② 图中参考人物总共有四个固有色，分别是头发、皮肤、蝴蝶结和衣服，如图2-29所示。我们将其分为四个图层，并备注好名字。选择固有色时，头发要比蝴蝶结的明度低，白色衬衣要比皮肤的明度更高，皮肤要比头发的明度更高。注意这四个固有色之间的层次关系，在第一遍铺色时就需要拉开明度变化。

图2-29

 提示

　　经典色盘下方的三条横杠，最下方的就是明度（光源和物体表面明暗程度的变化）调节，越向右滑动明度越高，越向左滑动明度越低。在画黑白体块时只需要用到明度的调节栏，上面的色相和饱和度不用调节，如图2-30所示。

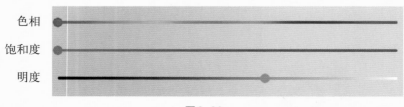

图2-30

　　③ 分好固有色的明暗后，将眼窝和卧蚕看作一个整体背光面，当光从左前方照下来时，鼻底、脸和脖子另一侧面都处于暗部中。头发在脸上形成的阴影、蝴蝶结在衣服上形成的阴影、头发在衣服的阴影都要表现出来，如图2-31所示。直接吸取固有色，向明度低的方向滑动，能与固有色区分开即可，明度不要一下子取得很低。

图2-31

　　④ 皮肤、头发在不同的图层中，这时可以锁定图层，画暗面时就会相对快捷。上一步已经将主体的明暗面区分开来，这时我们需要在中间加上过渡面，找寻面部的明暗交界线，如图2-32所示。

图2-32

 提示

　　在暗面和亮面中间取色画过渡面，不能完全盖住暗部和亮部。观察参考图中三个面的比例大小，只需要将体积转折面画出，不需要画五官，如图2-33所示。

图2-33

　　⑤ 加深主体的暗部。在耳朵旁的头发处、蝴蝶结在衣服上的投影处以及眼窝最深的地方加深。区别于描绘男生脸部阴影，女生脸部的转折不明显，偏柔和。最后观察画面整体，固有色区分开，体块过渡自然即可，如图2-34所示。

图2-34

2.4 黑白稿的表现技法

在画黑白稿选择参考图时，可选择黑白的实物图，也可以选择彩色图片。画黑白稿十分考验画师对画面明度强弱的把控能力。本案例选用彩色参考图，整幅画面黑白灰对比强烈，欧美人骨骼转折清晰，效果图如图2-35所示。

【本案例使用笔刷】

"6B铅笔"笔刷（绘制线稿）、"硬气笔"笔刷（铺大色）、"尼科滚动"笔刷（分色块）、"丝带"笔刷（头发绘制），如图2-36所示。

图2-35

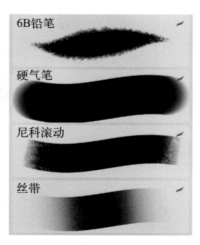

6B铅笔

硬气笔

尼科滚动

丝带

图2-36

【本案例绘制要点】

① 体积关系。每个部分单提出来都有自己的明暗关系，比如头发的每一个分组都有黑白灰三个面，只有通过黑白灰之间的过渡才能很好地表现人物体积。

② 明度变化。整幅画面中头发与皮肤的明度对比强烈，易于表现，但头发与衣服之间的明度相对较弱。当两个物体明度相近时，有两个区分方法，第一个方法是直接降低头发或者衣服的明度，第二个方法是加重头发在衣服上的投影，从而区分开两个物体。

③ 光源的体现。统一整幅画面的光源。本案例光源是正前方向来光，受光的几个点在额前的头发、额头、颧骨等部位。

2.4.1　绘制线稿

① 用网格起型法，长线条确定轮廓外形，脸部是大正的角度，眼睛位于1/2处，再由此推出眉毛、鼻子、嘴巴的位置，面部的中轴线正好落在网格上，如图2-37所示。

② 确定五官的大小及位置。主体的头发较为杂乱，可以自己将其划分为小组，分出层次，如图2-38所示。

③ 把网格显示调弱，或者直接去掉网格。通常来说，利用网格画的草稿不会出现太大问题，如果想要继续改动，可以直接通过调整界面中的"液化工具"进行调整。在后续的铺色环节还可以继续修改形体，如图2-39所示。

图2-37

图2-38

图2-39

 提示

这三步用起型笔刷，即"阴影笔刷"或"6B铅笔"笔刷。

2.4.2 绘制底色

① 使用"硬气笔"笔刷简单将头发、皮肤、衣服固有色通过明暗的关系区分开。当图片中头发和衣服颜色明度接近时，如图2-40所示，将头发明度压重或者提高都是可以的。

图2-40

提示

脸部细分，蓝色区域为亮面，红色区域为暗面，黄色区域是灰面，剩余部分是亮灰面，每个面都要区分开，如图2-41所示。前期体块可以画得明显一些，后期进行涂抹之后体块就会变得圆润起来。

图2-41

② 脸部最暗的部分一般情况下在眼窝凹陷处、鼻底、脖子与脸的衔接处，需强调出体块的变化。在前期要将人物体积做出来，后期就可直接调整细节，如图2-42所示。绘画时使用大笔触，笔触随意一些，但不要太破坏轮廓形状。

图2-42

 提示

先观察图片，当模特头发比较乱时，将头发分为亮面和背光面两个大块面，再去细找明暗交界线。在这一步不要过于纠结小细节，区分明暗交界线后，从远处看暗面和亮面是否有区分开，注意暗面是个整体块，不要过于杂乱。

如图2-43所示,先分受光面与背光面。光从中间偏左打,左边的头发受光面大,右侧头发受光面较小。

如图2-44所示,再次细分,绿色区域是头发的高光,蓝色区域是亮面,黄色区域是暗部,红色区域为亮灰面。

图2-43

图2-44

③ 使用"尼科滚动"笔刷,把笔刷调大,分出头发块面,暗部颜色不用太深,亮部颜色明度不要太高,边缘的头发可以轻轻带出形状,如图2-45所示。注意头发的叠加关系,头发的明度整体还是比衣服要深。

图2-45

④ 把五官的固有色带入。眉毛也分受光面和背光面,越靠近眼窝的地方颜色越深。给眼睛上色时,不要将关注点落在眼白上,重要的是要把上眼睑的厚度画出。

嘴唇分上嘴唇和下嘴唇，上嘴唇颜色偏暗，属于背光面，下嘴唇属于受光面，但是因为有固有色，所以只需要颜色稍作变化即可。最后再把头发的暗面加深，如图2-46所示。

图2-46

2.4.3 塑造细化

① 点击"涂抹工具"中的"硬气笔"，将头发和皮肤的亮暗面自然过渡，如图2-47所示。多次涂抹容易造成画面不清晰且没有笔触，因此在整幅画中要尽量少使用"涂抹工具"。也可以使用其他方法，如通过细分面来过渡，过渡时不要破坏原有的形状，过渡后，要能明显地看出明暗交界线的位置。

图2-47

提示

　　使用涂抹工具时，要注意的是当需要涂抹两个或者三个以上的面时，需把笔刷的大小调整适中，顺着明暗交界线的方向轻轻涂抹。

　　沿着不同的方向涂抹会出现很乱的笔触，这是错误的涂抹方式。顺着明暗交界线的方向涂抹，三个块面清晰明了，明暗交界线也能看出来，笔触也不会杂乱，如图2-48所示。

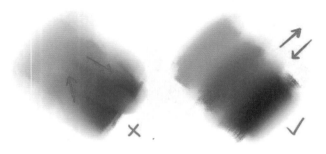

图2-48

　　② 五官中层次最多的就属眼睛了，要将卧蚕、眼窝、双眼皮的厚度画出。同样是受环境影响，眼白的颜色明度不能跟皮肤的颜色明度相差太多。再新建图层，在新图层上加上高光和眉毛。眼睛与眼睛周围的皮肤过渡要自然，不要只画眼皮和眼睛，如图2-49所示。

图2-49

　　③ 在五官都具有厚度时，将笔刷调小。可以对头发再次分组。只要让画面看起来协调，每组头发的走向和厚度，可以自己调整归纳。观察整体，看黑白灰关系是

否明显，如果不明显，可以点开调整界面中的"色相、饱和度、明度"工具，将头发图层的明度调低一些（画头发可以用"丝带笔刷"）。记得把鼻子和嘴巴周围的皮肤过渡好，再进行细分，如图2-50所示。

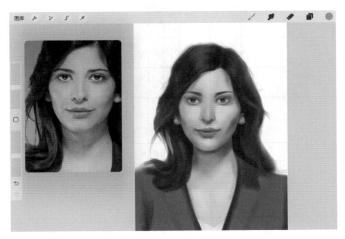

图2-50

④ 头发与脖子和脸的衔接处都有较重的投影，先在皮肤图层的上方新建图层，再画投影。给头发加入高光，准确找到高光的位置以及大小再下笔。头发边缘画一些飘散的头发丝，增添灵动感，如图2-51所示。

图2-51

⑤ 处理头发先用小笔刷将头发分组的块面破形，注意暗面的颜色不要亮过亮面的受光面。笔触不用太碎，在亮暗面衔接处破形。在头发边缘添加发丝可使头发更逼真。再把背景颜色选好，使画面成为一个整体，如图2-52所示。

图2-52

提示

　　如图2-53所示，破形是指在头发体块已经分完的基础上，不要让块面感太强，否则会没有层次感，如左图。这时我们就需要吸取旁边的颜色，从亮往暗或者从暗往亮稍微破开明暗交界线，让明暗交界线看起来不要太死板，但明暗交界线还是存在的，它还是个整体，如右图。

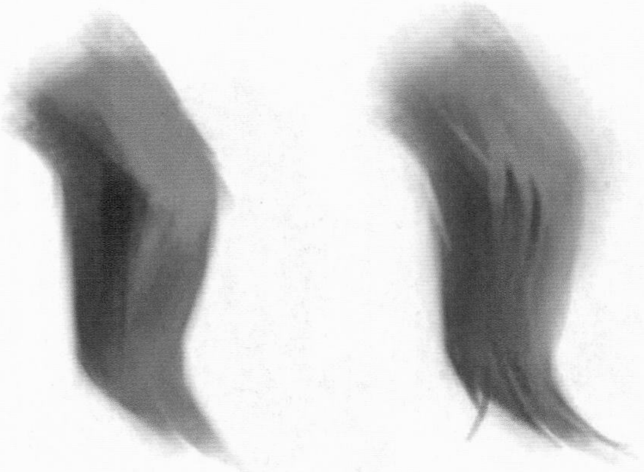

图2-53

　　⑥ 描绘鼻子和嘴巴时要注意，皮肤过渡一定要按照肌肉的走向去描绘，可以稍微在皮肤中画出高光，如图2-54所示。

图2-54

⑦ 背景颜色明度不用太高，使整体画面更和谐。需观察画面够不够整体，前后关系是否表现明确。最后稍作调整，用"硬气笔"笔刷调低透明度，压整暗部。调大橡皮尺寸，在头发上轻轻地扫，将边缘虚化，增强体积感和空间感。画到这一步，确保黑白关系明确、画面有层次关系，不需要再往下去细化，如图2-55所示。

图2-55

第 3 章

厚涂插画光影与
色彩的运用

本章主要介绍什么是光影，体积与光影的关系，
色彩基础理论，光影中的色彩冷暖表现，光影和体
块的表现，以及光影厚涂少女的表现等。

3.1 什么是光影

光影是指在光的照射下主体产生的变化，不同角度的光线照射到主体会产生不同的光影效果，且会出现投影以及较强的明暗交界线。在绘画中加入光影，可以增加画面的氛围感，是绘画中必不可少的表达方式之一。

光影一般分为自然光和人造光两种情况，下面分别介绍它们的人物光影效果。

3.1.1 自然光线下的人物

自然光线也就是普通光源，如图3-1所示，由七个颜色组成，分别是红、橙、黄、绿、蓝、靛、紫。

自然光线偏散光，明暗交界线比较柔和，投影偏弱，会有很强的氛围感。一天之中，因为时间不同，太阳光的强弱和照射角度也会变得不同，如图3-2所示。

图3-1

图3-2

3.1.2 人造光线下的人物

因为光源离得近，所以大部分人造光的投影效果偏强，明暗交界线较为清晰，边缘较硬，可以很明确地看出投影形状。人造光下画出的体积感更强，并且呈现的颜色也会有所变化，如图3-3和图3-4所示。

图3-3

图3-4

3.2 体积与光影的关系

光影照射主体会产生明暗关系及影子变化，并表现出光的朝向以及强弱。在绘画中光是很重要的存在，有光，主体才会有明暗交界线和投影。以下是不同光源中主体的表现情况。

3.2.1 正光源与顶光源

① 正光。正光可以使主体的整体形态和特征表现完整，如图3-5所示。但对于画师而言，光线直接正面照射在主体上，会使得主体没有明显的层次变化，明暗交界线不明显，而受光面范围过大，投影面积较小是不易于作画的。

② 正顶光。正中午光线照射的角度，也是不容易表现的一种光源，整体画面会给人阳光、清新的感觉，如图3-6所示。

正光　　　　　　　　　　　　　　　正顶光
图3-5　　　　　　　　　　　　　　图3-6

3.2.2 底光源与逆光源

① 底光。一般是人工照射形成的，能看见的受光面范围小，而且投影面积小，整体画面会给人一种个性、暗黑的感觉，如图3-7所示。

② 正逆光。也称之为背光，这种光线一般适合浪漫、安静的氛围，因为逆光会给人一种朦胧、模糊的感觉，很容易产生氛围感。正逆光受光面小，暗部占很大空间，如图3-8所示。

底光　　　　　　　　　　　　　　　正逆光
图3-7　　　　　　　　　　　　　　图3-8

3.2.3　侧光源

侧光源是光源在主体的左侧或者右侧呈现出的效果，是我们经常碰到的一种光源。侧光能让主体层次分明，有轮廓感，明暗交界线较为清晰，主体看起来更加立体，是新手比较容易处理的一种光源，如图3-9～图3-14所示。

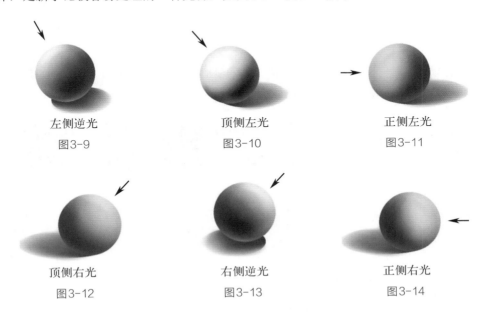

左侧逆光

图3-9

顶侧左光

图3-10

正侧左光

图3-11

顶侧右光

图3-12

右侧逆光

图3-13

正侧右光

图3-14

3.3　色彩基础理论

我们处在一个有色彩的环境中，身边的不同事物都带有色彩。其实物体本身是不具有颜色的，而是光照射在物体上后，通过对光的吸收和反射来呈现色彩。我们不光要了解颜色所具有的基本特性，还要学会色彩的运用，快速掌握色盘的使用方法。

3.3.1　色彩的三要素

每个色彩都具有三要素，即色相、明度和饱和度。

① 色相。指不同频率的颜色，是颜色最明显的特征，如图3-15所示。

图3-15

② 饱和度。色彩的饱和度指色彩的鲜艳程度，也称纯度。在颜料调色中混合的颜色越多，饱和度越低；混合颜色越少，则饱和度越高，如图3-16所示。一般情况下处在暗面的颜色饱和度偏低。

图3-16

③ 明度。指色彩的亮暗程度，也就是颜色的黑灰白，如图3-17所示。在颜料调色中，白色加得越多明度越高，反之明度越低。

图3-17

提示

当遇见同色系颜色时，饱和度和明度的变化如图3-18所示。在厚涂中，取色是一大关键。"1"号格子用来画受光面；"2"号格子使用频率较低，用来画固有色或明暗交界线；"3"号格子基本不会用到，颜色偏灰，很容易画脏；"4"号格子用来画背光面，压重画面，使画面更沉稳。

在经典调色盘中，当遇见同色系时分成四个小方格：
1.第一个格子中的颜色明度较高，饱和度较低
2.第二个格子中的颜色明度较高，饱和度较高
3.第三个格子中的颜色明度较低，饱和度较低
4.第四个格子中的颜色明度较低，饱和度较高

调节色相：向左右滑动改变色相
调节饱和度：向左滑动饱和度变低，向右滑动饱和度变高
调节明度：向左滑动明度变低，向右滑动明度变高

图3-18

3.3.2　基础色彩组合

色彩构成是人对色彩在视觉和心理上的一种综合表现，色彩构成也是艺术设计的重要理论之一，与平面构成以及立体构成有着不可分割的关系，因此色彩的构成

是必须掌握的。在绘画中最离不开的就是色环这个工具，在24色色环当中有同类色（邻近色）、对比色、互补色。

① 互补色。是指在圆形调色盘中成对角的颜色，比如红色和绿色、蓝色和橙色、紫色和黄色等，如图3-19所示。如果不会选择互补色可以选择色彩调和调色盘，拖动大圈和小圈可自动选择相应的互补色，如图3-20所示。

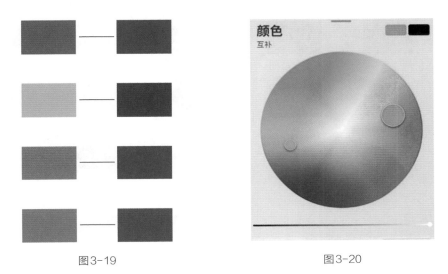

图3-19　　　　　　　　　　　　　　　　图3-20

② 对比色。指色盘中冷暖调形成鲜明对比的两个颜色，如图3-21所示。对比色一般是色环上相距80°～160°之间的两个颜色，两者之间相差8个色调，如图3-22所示。运用对比色会让人觉得轻松、跳跃和活泼。

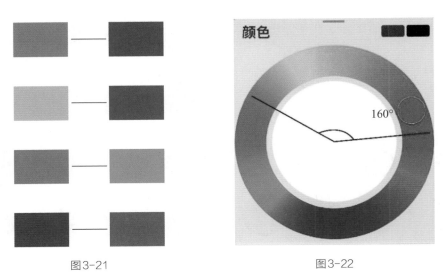

图3-21　　　　　　　　　　　　　　　　图3-22

③ 同类色。色盘中相邻的两个颜色，也就是邻近色，如图3-23所示。色环夹角60°以内的两个颜色，差异不是很大，如图3-24所示。

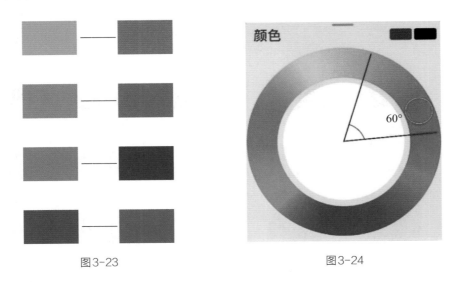

图3-23   图3-24

3.3.3 冷暖关系的运用

一般将冷暖关系分为绝对冷暖和相对冷暖两种，都是绘画中常遇到的。

① 绝对冷暖。在我们的主观意识中，红、橙、黄为暖色，蓝、绿、紫为冷色，如图3-25所示。

② 相对冷暖。指两个相近的颜色在对比情况下的偏暖色或偏冷色，如图3-26所示，两个颜色相比较，都是同色系也有冷暖变化，这就叫作相对冷暖。

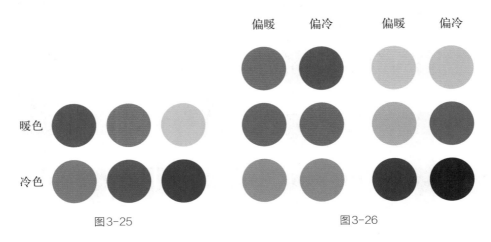

图3-25   图3-26

3.4　光影中的色彩冷暖表现

不论是人造光线还是自然光线，都会有冷暖对比。很多摄影师善用冷暖的对比光线来表达，往往能拍出优秀、有独特魅力的作品，在绘画中，我们可以加强画面中的光影效果和色彩的冷暖对比，使画面具有生动逼真的艺术效果。

3.4.1　光影在绘画中的作用

光影在绘画中是十分重要的，添加光影能使画面层次感分明、体积感变强并有空间延伸感。光和形体如影随形，且光影是烘托气氛的重要元素之一，如图3-27与图3-28的对比。

如图3-27所示，光线不够明显，虽然人物的体积也有所呈现，但对比不够强烈，整体画面平庸，前后关系比较弱，缺乏看点。

如图3-28所示，从右上方打光，强光照射下，整体画面亮暗面分明，脸部体积感在光的照射下呈现出来，衣服的前后关系也能很好地体现，整个画面表现出一种温馨、甜美的感觉。在绘画前期就要确定主光源，使画面光线统一，也能给人更真实的感官感受和更强的画面感。

图3-27

图3-28

3.4.2　光和色彩的表达

影响色调的因素有很多种，光就是其中重要元素之一。影响光的因素也有很多种，如空气、温度、折射等，在这些因素的作用下，也就产生了画面的冷暖关系和虚实变化。下面我们通过案例来讲解光的冷暖关系该如何表达。

① 观察画面整体的冷暖关系，如图3-29所示，参考图中整体色调为暖色调，受光面为暖色调，背光面为冷色调，在强光的作用下，明暗交界线明显，冷暖对比也比较强烈。

② 确定主体明暗交界线的位置之后，在后期上色时左边为冷色，右边为暖色，穿过手里的花束照射在袖子上的光也要画出大概形状，如图3-30所示。

图3-29 　　　　　　　　　　　　　　　　　图3-30

③ 在光的照射下该如何区分冷暖，大部分情况下是亮部暖暗部冷，不能使画面全部为冷色或暖色，要有冷暖呼应。如图3-31所示，在铺大色块时，只需画出明显的冷暖变化即可。在皮肤色块的选色上，亮部选用黄色，暗部选用偏紫红的灰色调表示出来即可。

④ 头发分为了三个面，亮部偏黄，暗面偏棕。头发色块变化是近处暖，远处冷，近处冷暖对比较强，远处冷暖对比较弱，如图3-32所示。

图3-31 　　　　　　　　　　　　　　　　　图3-32

⑤ 衣服的固有色偏白色，受光线的影响，受光面明度高，背光面选用偏绿的灰，饱和度较低，表现出前后关系。花束也是整体上分亮暗面，受光面偏暖绿，背光面用冷色。因为这里要考虑到草的固有色的因素，后期再加入暖色也是可以的，整体固有色不能变动太大，如图3-33所示。

⑥ 如图3-34所示，加强明暗交界线，受光面背光面分界的颜色要偏纯，并且压重色朝暗面过渡。分清整体画面冷暖，在暗面将笔刷调小，轻轻扫入互补色（环境色）。降低暗面整体饱和度，画完后在暗面的整体变化中也能观察到有微妙的冷暖关系。

图3-33   图3-34

⑦ 前期把整体冷暖色调大体确定好，后期再去添加细微的颜色和变化，不会改变大体关系。在衣服的暗面中加入一些暖色，比如偏红、黄、绿的色调，受环境色影响，纯度不能太高。亮部最接近受光点位置可以稍带冷色，比如偏蓝、紫色等，都是轻轻扫上去（需将笔刷透明度调低），如图3-35所示。

⑧ 受暖光影响，脸部的亮面用暖色过渡，最接近受光点的位置是颧骨，可以用一点冷色。继续将头发分组，但受光面和背光面还是明显存在的，还要注意离光源最近的位置明度要最高，如图3-36所示。

图3-35   图3-36

⑨ 花束也是在光的作用下产生冷暖变化，但这里需要注意的是，花的固有色为橙色，橙色是暖色，光线一般情况下不会改变固有色的整体颜色，所以花的暗面还是偏橙色，里面带有一点环境色的冷色。因为要和暗面形成对比，在接近光源的位置，饱和度提高，可以稍微偏冷，如图3-37所示。

⑩ 衣服的褶皱都处在背光面，可以吸取背光面的颜色，提高明度和纯度，再来画衣服受光面的褶皱。红色衣服也是一样，受光面偏暖红，背光面偏紫红，并且饱和度较低，如图3-38所示。

图3-37

图3-38

⑪ 观察整体画面，添加了很多的环境色、互补色，都没有改变整个亮暗面色块。需要注意的是，受光面不一定都是暖色，要学会在暖色中添加冷色，在冷色中添加暖色，使画面看起来和谐美观，如图3-39所示。

图3-39

3.5 光影和体块的表现

如图3-40所示，光从右边照射，受强光影响明暗交界线清晰，五官轮廓较为突出，人物体块较为明显。通过色块的不断堆积，来表现出人物的体积变化。

【本案例使用笔刷】

"6B铅笔"笔刷和"阴影笔刷"（绘制线稿）、"硬气笔"笔刷（铺大色、涂抹过渡）、"尼科滚动"笔刷（细化），如图3-41所示。

【本案例绘制要点】

① 光源的体现。人物右边脸部处在受光面，左侧脸偏冷，右侧脸偏暖。还可以通过左右两边五官的饱和度和明度来体现出光线的强弱，受光面五官饱和度高、明度高。

② 明暗交界线。明暗交界线清晰，以五官边缘为分割线，这里需要注意到明暗交界线的虚实变化，越处在暗部的明暗交界线越清晰，例如眼窝、鼻底、嘴角处。

图3-40

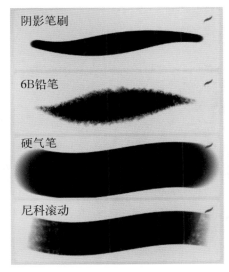

图3-41

3.5.1 色块的体现

① 打好基础形体，用大线条直接概括即可，也可以把明暗交界线的位置稍微带出，如图3-42所示。

② 铺大色时，受光面颜色为暖色，暗面为灰红色，在一般情况下皮肤基本都是这种配色。头发也是用两个颜色概括，背光面头发颜色不用很深，如图3-43所示。

图3-42

图3-43

③ 当我们没有了解如何画细节时，就用大笔触去概括画面，能体现出画面光影关系就可以，不需要抠小细节。在这里将受光面皮肤分成三个面——灰面、高光、亮灰面，所以不可以用太重的颜色，一定要柔和。背光面颜色要加重，眼窝和鼻底都是采用冷色，如图3-44所示。

④ 当画面不够柔和时，常用解决办法有两个：第一个方法是可以使用"涂抹工具"对画面进行涂抹；第二个方法是可以使用笔刷吸取旁边颜色慢慢过渡，让受光面看起来更加舒服，如图3-45所示。

图3-44

图3-45

3.5.2　五官的冷暖变化

① 画出眉毛、眼睛、嘴巴的固有色。当第一次铺暗部颜色时最好一次性选对，在后期直接往暗面压重色。暗部颜色基本不会再提亮，所以在选择背光面颜色时，要想有"透气感"，就不能选择太深的颜色，只要能使亮暗面冷暖关系明确，轻重变化区分开即可，如图3-46所示。

② 当用固有色将形体的位置确定好时，就可以把线稿关闭。这一步需要细化明暗交界线处，画清晰暗面的整体轮廓，可以适当在明暗交界线处加点纯色，如

图3-47所示。

图3-46　　　　　　　　　　　　　　　　图3-47

3.5.3　脸部色块的细分

① 画的过程中都是去找块面，先分三大面，再分成五大面。亮面每个颜色都是邻近色，每个颜色都分别代表不同的块面。暗面的块面相对比亮面较少些，颜色不要跨度太大，如图3-48所示。

② 这里可以使用"涂抹工具"，轻轻地将受光面和背光面分开过渡，但受光面的转折分为三个面，涂抹时不可破坏眼球的形状。涂抹完后再次压重明暗交界线，将亮暗面转折清晰化，先把皮肤上的起伏变化过渡自然，再细分眼睛周围的小块面，最后用"阴影笔刷"加上睫毛、高光、眉毛，如图3-49所示。五官细化在第4章会有详细讲解，这里只需要去理解明暗交界线的变化，还有受光面和背光面是如何通过小色块表现出来即可。

图3-48　　　　　　　　　　　　　　　　图3-49

③ 暗面比较整体，因为存在空间关系和光影变化，所以要将暗面虚化，包括在暗面的眼睛和嘴巴，要有形但不会很突出，让暗面一眼看过去比较整体，如图3-50

所示。其实在背光面当中也有很细微的冷暖变化和体块的转折，比如靠近眼角处更偏蓝紫，颧骨处有反光，会加入一点点暖色。

图3-50

④ 如果受光面的颜色不够亮，那么在离光源很近的地方选择淡蓝色，在颧骨、鼻子侧面，调大笔刷，降低不透明度，再轻轻扫上去，如图3-51所示。注意在提亮时，不要整片提亮，整片提亮不容易显现出效果，只需要局部提亮，这样会使画面在整体的基础上也能看出变化。最后观察画面，受光面脸部皮肤变化还是比较丰富，比暗面颜色多，小色块的变化也会比暗面多，虽然颜色变化多，但整体冷暖关系一定是不变的。

图3-51

3.6　光影厚涂少女的表现

光影少女首先给人的第一印象是，阳光下的人物色彩鲜明，明暗交界线较强。前期学习了光影用黑白体块来表现，当我们将画面赋予颜色时，又会呈现不一样的画面。本案例属于自然光线，颜色丰富，图片氛围感较强，如图3-52所示。

图3-52

【本案例使用笔刷】

"6B铅笔"笔刷和"阴影笔刷"（绘制线稿）、"硬气笔"笔刷（铺大色、涂抹过渡）、"尼科滚动"笔刷（分色块）、"细化笔刷"（画细节），如图3-53所示。

【本案例绘制要点】

① 颜色的运用。整幅画面不要出现很纯的颜色，如大红色、藏青色。由于在强光的照射下，颜色会显得不那么明确，并且光影效果图强调的是其氛围感，所以在用色方面明度与饱和度不会太高。

② 受光面与背光面。人物整体处于侧光状态，所以大面积会处在背光中，受光面的面积较小，可以相对于暗面改变色相，提高饱和度。

③ 明暗交界线。它在光影效果图中非常关键，饱和度最高，面积较小，注意强弱变化，也是整幅画面的点睛之笔。

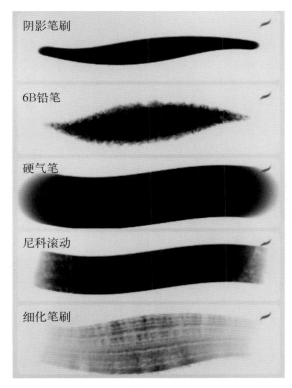

阴影笔刷

6B铅笔

硬气笔

尼科滚动

细化笔刷

图3-53

3.6.1　强光下的冷暖变化

① 起型时注意前后穿插关系。如图3-54所示，其中有很多元素可以分图层上色，如头发、衣服、皮肤等可以分别建立图层。

② 这幅图的受光面与背光面相比颜色偏冷一些，在强光的照射下，光照部分改变了原有的固有色，所以受光面可以用黄绿色，暗面则用皮肤红色系，再用笔刷将背光面细分块面，如图3-55所示。

图3-54　　　　　　　　　　　　　　　　　图3-55

③ 快速地把头发、皮肤、衣服分成四个面，分别是亮面、亮灰面、暗面和反光。线稿以外的部分可以用橡皮擦干净，如图3-56所示，切记在这一步主体不可以有留白部分。

④ 添加五官固有色，受光面不用过多细分，着重点在背光面。注意明暗交界线的位置，边缘要画清晰，形状要完整。加上背景的草丛，右边处在受光面，饱和度会相对较高，但背景的饱和度不可高于主体人物，如图3-57所示。

图3-56　　　　　　　　　　　　　　　　　图3-57

⑤ 如图3-58所示，在绘画的过程中，形体出现问题可用"魔法棒"中的"液化工具"调整出错的位置，再用"涂抹工具"进行涂抹。暗部的颜色也可以进行丰富，

这时就可以添加互补色，使纯度降低。

⑥ 画光影效果图时，重点不是在于明暗面，而是明暗交界线。学会观察受光面边缘的轻重变化，比如鼻子上的受光面，靠近鼻翼的边缘线较硬，靠近鼻头的边缘线较为柔和，如图3-59所示。

图3-58

图3-59

3.6.2 明暗交界线的变化

① 如图3-60所示，人物脸部苹果肌比较突出，在画腮红的位置时加入纯色，暗部的颜色就会有所变化，有灰有纯。加重眼角、鼻翼、嘴角三个部位，五官相连的皮肤慢慢过渡，再在明暗交界线的位置加入饱和度较高的颜色。压重手在脸上的投影，将手与脸部分开。

② 一般的绘画顺序是从上到下或从左往右，画完脸就要把脖子的块面也画出体积感。如图3-61所示，脖子处在背光面，取色可以在红色系的基础上偏冷一些。重色在下巴与脖子连接的位置，两边虚化过渡。

图3-60

图3-61

③ 接下来就是衣服和头发的处理，先压重暗面，再提亮受光面。因为一开始

的铺色中，衣服与头发的饱和度较低，所以受光面的提亮可以偏纯一些，如图 3-62 所示。

④ 继续细化暗面，细分体块，背光面的头发不用细化。可以在新建图层上把在脸上的头发画出，整体画面不用纠结于睫毛、眉毛等细节，重点在于用小块面过渡皮肤，如图 3-63 所示。

图 3-62

图 3-63

3.6.3　过渡受光面与背光面

① 如图 3-64 所示，把"涂抹工具"调小，将眼球弱化，使皮肤过渡自然，再点上高光，到这一步就可以画受光面了。离光源最近的点偏白，可以加入冷色，明暗交界线用纯色过渡，是饱和度最高的位置，鼻子部分的受光面边缘也是用纯色绘出较实的边缘。

② 如图 3-65 所示，背光面头发分完几个小组，再随意画上几根头发丝。受光面吸取头发颜色，把亮部颜色的形状破开，在明暗交界线的位置，画上几根饱和度较高的头发丝。

图 3-64

图 3-65

③ 如图3-66所示，提高画面完整度，将衣服上的蝴蝶结以及花纹用偏灰色相的颜色画出即可（切记不能太过抢眼），再把手和胳膊的肤色过渡自然。

④ 如图3-67所示，调整画面不协调的地方，最后观察整体画面。饱和度不要过高，红色不要太多。

图3-66　　　　　　　　　　　　　图3-67

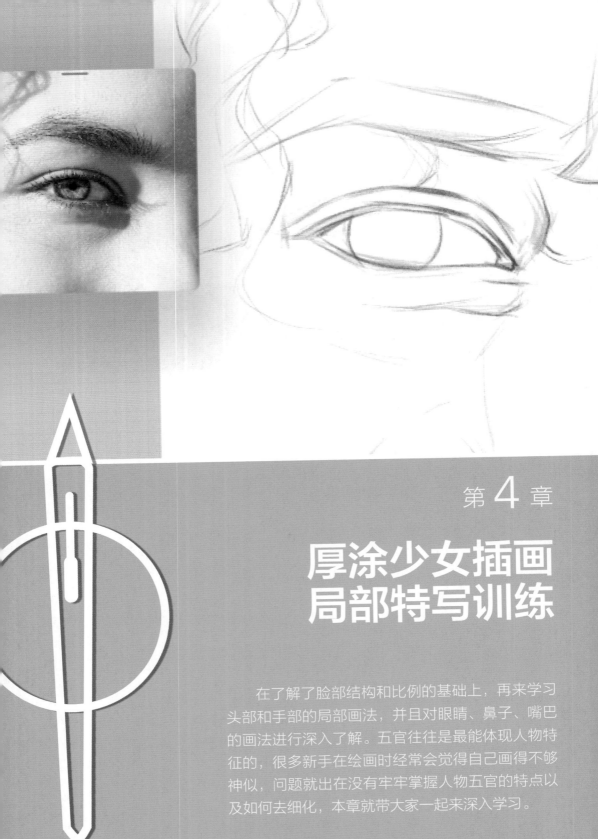

第 4 章

厚涂少女插画
局部特写训练

在了解了脸部结构和比例的基础上，再来学习
头部和手部的局部画法，并且对眼睛、鼻子、嘴巴
的画法进行深入了解。五官往往是最能体现人物特
征的，很多新手在绘画时经常会觉得自己画得不够
神似，问题就出在没有牢牢掌握人物五官的特点以
及如何去细化，本章就带大家一起来深入学习。

4.1 少女五官的画法

五官在人物头像中占比很大，五官的塑造是人像绘画的重中之重，很多画手画完后准备细化时就进行不下去，那就说明对五官的结构和转折变化还是了解不够细致。如何让画面产生灵动感？如何能吸引观画者的眼球？得把握好脸部局部肌肉描绘、光影以及细节刻画。

4.1.1　眼睛与睫毛

在学会塑造前，先了解眼睛结构，如图4-1和图4-2所示，要学会抓住人物的神情、动态。

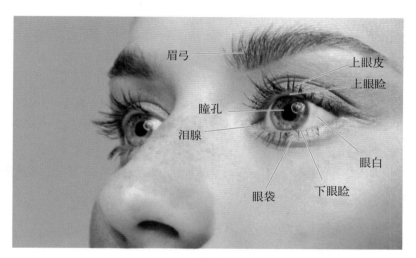

图4-1

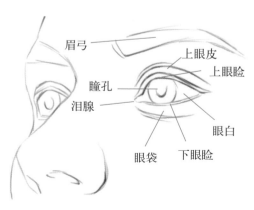

图4-2

① 上眼皮。单眼皮或多眼皮。画法相似，只是上眼皮的褶数不同，都呈凸出状。

② 上眼睑。上眼皮的厚度，是很多新手容易忽略的一点，在起型中就要画出。

③ 瞳孔。眼球中颜色最深的部位，确定好瞳孔位置后，就可以确定眼神方向。

④ 泪腺。眼角的泪腺偏肉红色，带一点红血丝，不需要过多刻画。

⑤ 下眼睑。与上眼睑类似，都是表示厚度的，大部分时候处于受光面。

⑥ 眼袋。也就是我们所说的卧蚕，越靠近眼角越窄，越靠近眼尾越宽。

观察图片，任何写生图片，都要先观察光源、结构和人物特征。如图4-3所示，欧美人的眼睛，双眼皮偏厚，眼球受光面呈现黄绿色，背光面呈现墨绿色。光源是从左侧照射，投影在右侧，眉毛较为浓密。

如图4-4所示，要明白参考图的亮灰暗的变化和转折，在进行区分后，每个面衔接的部分都会有明暗交界线，要搞清楚明暗交界线的位置和变化。

图4-3   图4-4

① 快速起型，概括出外轮廓。起型中需要画出上眼睑和下眼睑的厚度，还有受光所产生的投影，如图4-5所示，图中投影的形状还是比较明显的。

② 区分受光面以及背光面，如图4-6所示。受光面颜色偏暖色，背光面颜色偏冷色，受光面取色不要太亮，后期提亮即可。要想准确选择背光面颜色，要在取完受光面颜色的基础上，在经典调色盘中向右下角移动，再向左稍稍拉动色相横条，注意这里的背光面取色不是取得最重的颜色。

图4-5

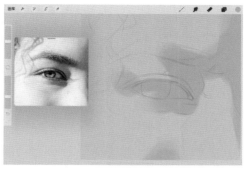

图4-6

③ 丰富块面，如图4-7所示。上一步只是分成了受光面和背光面两个面，这一步则是在两个面中找出灰面和过渡面。用大笔刷在受光面和背光面的中间，增加灰面进行过渡，这里的灰面因为透光，可以更纯一些。

④ 细化块面，添加固有色，如图4-8所示。先将眼珠的颜色压重，因为上眼睑处在背光面，下眼睑处在受光面，所以上眼睑和下眼睑的颜色要区分开。这一步比较重要的是要在明暗交界线的位置添加纯色，受光的影响，大部分情况下是黄色，然后在暗部添加皮肤透光的颜色进行轻扫即可。

图4-7

图4-8

⑤ 涂抹过渡画面。选择"涂抹工具"，笔刷选择"硬气笔"笔刷或较柔和的笔刷都可以。先把笔刷调大，只涂抹皮肤的明暗交界线位置；再把笔刷调小，在眼皮和眼珠处稍作柔和处理。注意这里不可以破坏掉原有的形状，涂抹笔触应顺着皮肤的方向涂抹，如图4-9所示。

⑥ 丰富颜色，做出画面体积感，如图4-10所示。先画出上眼睑在眼珠上的投影和眉毛的暗面，把双眼皮的投影压重，再提亮眼球受光面和皮肤的受光面。眼白上色时需选择饱和度不高的颜色，可偏灰一些，再轻扫。

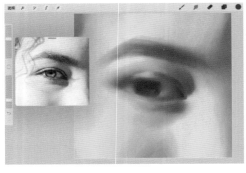 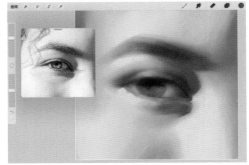

图4-9   图4-10

⑦ 画睫毛要新建两个图层，先新建第一个图层，画睫毛打底。笔刷调大，先吸取上眼睑和下眼睑的颜色，在眼皮和上眼睑的明暗交界线位置画一层睫毛的投影，如图4-11所示。画睫毛时要注意睫毛呈发散状，并且是一簇一簇组成的，3～5根为一簇。画完睫毛后在受光面皮肤处添加一些冷色，使画面饱和度不要太高。

⑧ 在睫毛打底图层的上方，新建一个图层用来画睫毛，睫毛的颜色不要直接用黑色，因为整个画面偏暖，所以可以选择红色中比较重的颜色，如图4-12所示。这一步将笔刷调小，在睫毛打底的空隙中画出一簇一簇的睫毛，参差不齐会使睫毛增添灵动感。

图4-11   图4-12

⑨ 用同样的"阴影笔刷"，在睫毛图层画眉毛，吸取眉毛旁边皮肤的颜色，向眉毛内部破形。吸取睫毛的颜色，在眉毛的明暗交界线处画出几根重色，提高明度后在受光面的眉头再轻扫几根，注意笔触朝向都是根据眉毛的生长方向走的，如图4-13所示。

⑩ 细化眼睛不需要太纠结于细节，在分完眼珠的亮暗面后，再新建图层画出投影细节，如图4-14所示。画细节时不需要再添加新的颜色，只需要吸取周边颜色去刻画即可，最后再提高光。观察画面会觉得睫毛缺少变化，使用"涂抹工具"在睫

毛图层把暗面的睫毛轻轻柔和化，不要太明显。

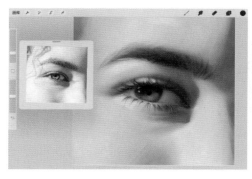

图4-13   图4-14

⑪ 画出睫毛的投影。吸取皮肤暗面颜色，将"阴影笔刷"调小，画出投影形状，再用"皮肤"笔刷在明暗交界线附近轻扫（颜色可以稍微纯一些，不可太脏），画出皮肤质感，如图4-15所示。

⑫ 画完头发和投影，使画面完整后，在眼睛睫毛处，将"阴影笔刷"调至较小，吸取周边颜色画出一些小笔触。双眼皮上方也可以画一点纯色用作提亮，所有的细节都在眼睛周围，皮肤亮暗面过渡自然即可，如图4-16所示。

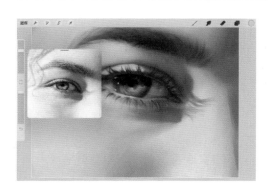

图4-15   图4-16

4.1.2　嘴巴

嘴巴分为上唇（唇峰和唇珠）、下唇、人中三大部分。整个嘴巴突出于面部，所以呈弧线形，整体形状呈八边形，越靠近嘴角部分越窄，如图4-17所示。

在黑白灰关系中整个上嘴唇处于背光面，下嘴唇处在受光面，如图4-18所示。嘴巴会在脸部有一个投影并且连接着两边的肌肉，而画嘴巴最重要的是画出嘴巴的结构和嘴巴与脸部的连接。

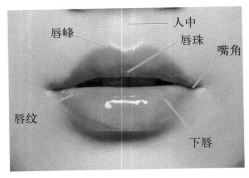
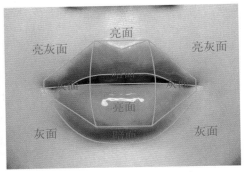

图4-17   图4-18

① 图片中从正面显示嘴巴，嘴角没有倾斜度。先确定两个嘴角的位置，嘴角的位置要根据嘴巴宽度来定。通过观察图片，就可以明显地发现上嘴唇比下嘴唇要薄。嘴巴最基本的特征用"6B铅笔"笔刷或是"阴影笔刷"画出即可，如图4-19所示。

② 皮肤整体色调偏肉粉色，用大笔刷提亮皮肤的受光面，如图4-20所示。

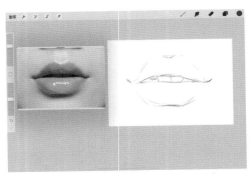

图4-19   图4-20

③ 在红色系中选择偏灰的色调铺嘴巴底色，如果觉得颜色找不准，可以吸取参考图中的颜色，再在调色盘中向右边拖动一点，提高底色饱和度，如图4-21所示。

图4-21

④ 先压重嘴唇投影，嘴缝处饱和度不要太高（在画嘴巴时，嘴巴与皮肤的衔接也是非常重要的）。嘴角的铺色与皮肤衔接，按照嘴角的方向描绘，提出上嘴唇和下嘴唇的受光面，如图4-22所示。

⑤ 用深色压重嘴角，提高上嘴唇的饱和度并且降低明度，与下嘴唇区分开来。下嘴唇的受光点可以轻扫入一点淡黄色，如图4-23所示。

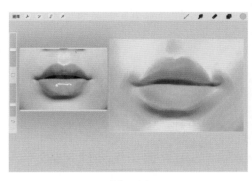

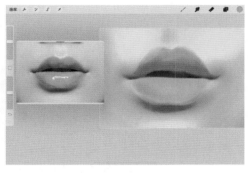

图4-22   图4-23

 提示

　　切记嘴唇边缘的形状不能收得太紧，边缘一定要虚化，便于与边缘皮肤相连接。

⑥ 按照肌肉的走势，涂抹嘴角和投影部分，不能破坏原有的形状。吸取上嘴唇颜色，在调色盘中向右下方调节，画上嘴唇的暗面，分出人中的亮灰面，如图4-24所示。

⑦ 用"硬气笔"笔刷，提亮两个嘴角的受光面，以及人中与嘴唇的连接处。压重投影并且带出投影形状，再画出牙齿的形状（牙齿处在嘴巴暗部，因此不用刻画得很具体），如图4-25所示。

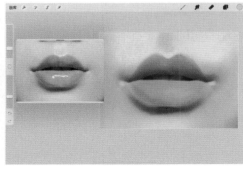

图4-24   图4-25

⑧ 从里往外画比较容易修改和覆盖并细化牙齿（要当成一个球体去画）。在牙齿亮灰暗区分开后，牙齿的灰面用涂抹笔轻轻过渡。压重牙齿之间的缝隙，最后提高光，高光在牙齿原色的基础上提高明度就可以，不能太亮，画完检查牙齿与暗面是否成整体即可，如图4-26所示。

⑨ 如图4-27所示，嘴巴涂抹了珠光的唇釉，所以会存在反光面。嘴唇体积画好后，用"阴影笔刷"在上嘴唇暗部画出反光的形状，压重整个上嘴唇明暗交界线的位置，提亮人中与嘴唇的连接处，再画上高光。

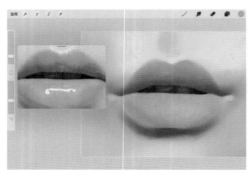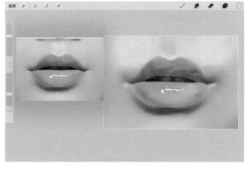

图4-26   图4-27

⑩ 细化嘴角。将嘴角体积向上自然过渡，嘴角下方用"皮肤"笔刷提亮。压重嘴角最深的点，画到细节部分使用"阴影笔刷"在嘴角处画出唇纹，再加上高光，注意明度不能高于下嘴唇高光，如图4-28所示。

⑪ 用"皮肤"笔刷吸取淡蓝色或是淡黄色轻扫在皮肤处，使用"阴影笔刷"吸取嘴唇两面颜色向暗面破形，画出淡淡的唇纹。因为嘴唇涂抹了珠光唇釉，所以唇纹不是很明显，如图4-29所示。

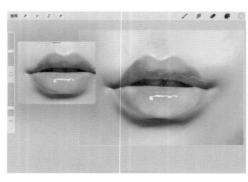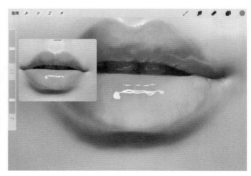

图4-28   图4-29

⑫ 吸取皮肤颜色从嘴角破形，画出嘴唇的纹路感。在两个嘴角上方用"阴影笔刷"画出根部明显的汗毛，如图4-30所示。

⑬ 嘴巴与皮肤一定要过渡自然。整体画面呈粉红色色调，可以将笔刷透明度降低，在皮肤上扫入一些互补色，使整个画面不会显得单一，如图4-31所示。

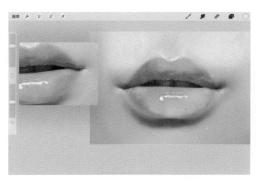

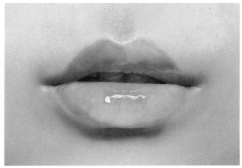

图4-30　　　　　　　　　　　　　　　图4-31

4.1.3　鼻子

如图4-32所示，鼻子处在整个五官的中轴线上，因此鼻子的刻画也显得尤为重要，并且鼻子在眼睛和嘴巴的中间，是最突出的一部分，所以它的体积感是最明显的，如图4-33所示。

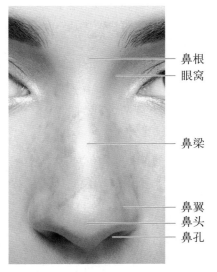

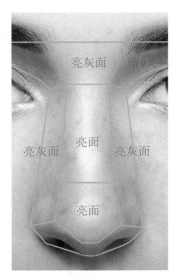

图4-32　　　　　　　　　　　　　　　图4-33

① 整体外轮廓形由三个大梯形组成，分别是鼻根处、鼻梁骨和鼻底。注意鼻子的长宽比例和块面转折用线，这样就能通过这几个梯形快速找形，交代清楚鼻子与眉弓的穿插关系、鼻翼的宽度以及鼻底的厚度，如图4-34所示。

② 观察图片，确认是一个女生的鼻子。鼻梁骨比较平缓，转折不明显，所以鼻梁和鼻头不需要立马区分开明暗，只需压重图中最暗的部分，画到灰面时只需要轻轻地带上颜色，与亮面相比有轻微的变化即可，如图4-35所示。

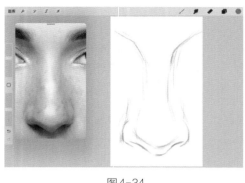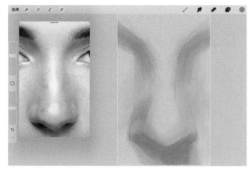

图4-34　　　　　　　　　　　　　　图4-35

 提示

画鼻头时把鼻头当成一个球体，准确抓住明暗交界线的位置，这样才能使鼻子体积感更强。

③ 如图4-36所示，图中属于大正的鼻子，所以左右两边比较对称。鼻头为脸部最突出的部分，这时可以降低鼻梁的明度突出球体鼻头，可以用偏冷的红色系，压重眼窝和鼻底。注意鼻子投影的虚实变化。

④ 这一步尤为重要，塑造鼻子的体积感，如图4-37所示，拉大明暗关系，再次压重暗部颜色，并且添加补色降低饱和度。不用急着提亮鼻子高光部分，先画暗部和灰面并且过渡。体积和细节都在鼻头处，鼻梁的位置向两边自然过渡，刻画时需要注意它的节奏和起伏关系。

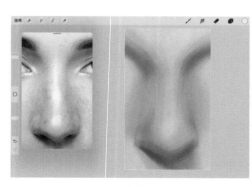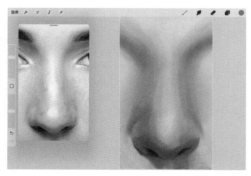

图4-36　　　　　　　　　　　　　　图4-37

⑤ 画出鼻孔的形状，如图4-38所示。在画鼻底时需要注意明暗交界线的位置，中间实，两边虚。吸取两边皮肤的颜色，把鼻翼两边的形收干净。光偏向左边一些，鼻子的投影则偏向右边，靠左边的投影边缘线较实，远处的则将其虚化。

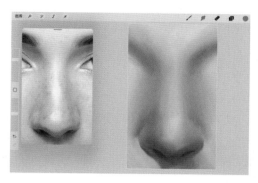

图4-38

⑥ 可以涂抹过渡，也可以增加灰面，如图4-39所示。比如鼻头和鼻翼受光面的转折处有一块灰面，明暗交界线与鼻孔中间有反光面，都可以使画面体积感增强，在增强体积感的基础之上，就可以新建图层提出高光了。

⑦ 整个画面过于"火气"（偏红），用"魔法棒"降低整体饱和度使整体画面协调。用"皮肤"笔刷刻画细节，在新的图层中画雀斑，这里需要注意的是雀斑饱和度一定要高一些，饱和度较低容易画脏。因为"皮肤"笔刷是喷射状，控制不了每一个点的轻重和大小，所以在用完"皮肤"笔刷之后，再用"阴影"笔刷画出想要的效果，整体效果如图4-40所示。

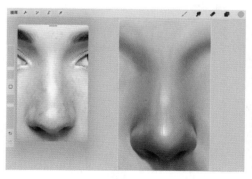

图4-39

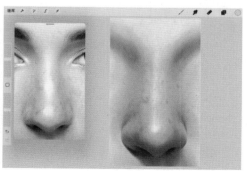
图4-40

⑧ 新手需要注意各部分之间的穿插、虚实关系还有空间关系，如图4-41所示。简单来说，整个鼻子的塑造在于体积感上，没有太多的细节变化，但多了前后关系与虚实变化，如图4-42所示。鼻翼与皮肤的衔接是一大重点，要学会处理关系。

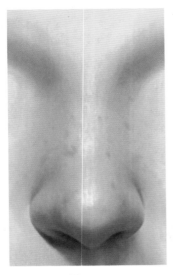

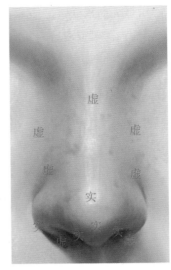

图4-41   图4-42

4.1.4 耳朵

耳朵的结构是较为复杂的，在大部分画中虽然是采取虚化处理的方式，但要了解耳朵的整体结构并且表达出来，画面才算完整。耳朵的各个部分是通过穿插形成的，主要概括为三大块，分别是外耳（耳轮、对耳轮、耳垂）、中耳（耳甲腔、耳轮脚）、内耳（内耳道），如图4-43与图4-44所示。

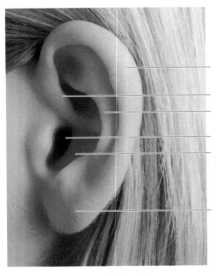

耳轮

耳轮脚
对耳轮

内耳道
耳甲腔

耳垂

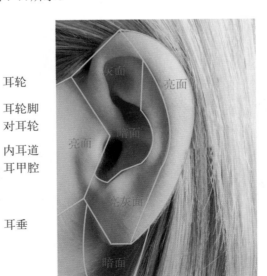

图4-43   图4-44

① 在起型时将耳朵整体看成一个长方体，上面偏宽，下面偏窄。从外轮廓向内部逐步找型，这里要注意"耳轮"和"对耳轮"的宽度。弄清楚每个结构的穿插关系以及形状，只要抓住重点，耳朵还是很容易起型的，如图4-45所示。

② 学会归纳亮暗面。将内耳和中耳分成同一组归纳进暗面，耳朵的投影也处在暗面，为了画面完整也顺带把头发分成亮灰暗面，如图4-46所示。

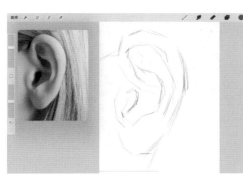
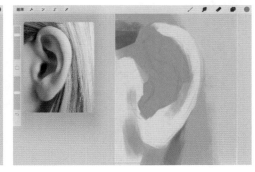

图4-45　　　　　　　　　　　　　　　　图4-46

③ 这个时候需要注意"耳轮"和"耳垂"的厚度。在整体暗部中寻找变化，确定整个耳朵的最深的位置，拉开画面黑白灰的变化，并且将画笔调至适中，添加耳朵的灰面，如图4-47所示。

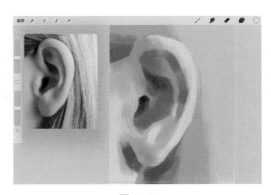

图4-47

 提示

　　在这里不用去画亮面，画最重色时不能使用黑色和饱和度过低的颜色。

④ 用"涂抹工具"虚化色块边缘，过渡颜色使耳朵看起来更有皮肤的质感，如图4-48所示。

⑤ 用"细化"笔刷或"尼科滚动"笔刷来寻找灰面。首先压重头发与耳朵的连

接处，再压重耳朵的投影以及内耳道。耳朵的起伏较多，所以光在耳轮上的阴影有很多不同的变化。找出灰面，亮面不用去刻画，在暗部加入冷色或是互补色。纯度要偏高，加入纯度过低的互补色就容易画脏。在耳朵整体明暗交界线的地方加入高饱和度的颜色，耳垂是最有肉感的部位，所以也可以更纯一些，如图4-49所示。

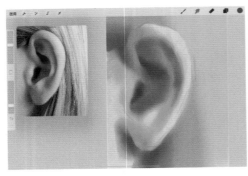
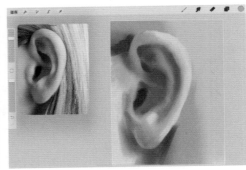

图4-48　　　　　　　　　　　　　　　　图4-49

⑥ 找小块面。这一步就需要多次观察参考图，找出耳朵凹凸不平的变化，整体的亮暗面保持不动。如图4-50所示，头发的受光面比耳朵的受光面明度更高，要进行弱化处理，头发受光面饱和度不能高于耳朵的亮面。

⑦ 耳朵的整体体积已经塑造出来，这时就可以再次用到"涂抹工具"进行过渡柔化，使体积感更强。注意要将两个图层先合并再涂抹，如图4-51所示。

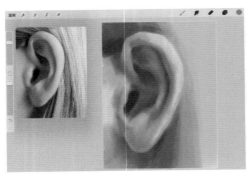

图4-50　　　　　　　　　　　　　　　　图4-51

⑧ 还是增强体积感，涂抹过后很多地方的形会模糊，需吸取旁边颜色将边缘线条收干净。要有虚实关系，并不是一条线画到头，再找内耳道的结构关系。之后丰富画面颜色，取色时整体画面偏暖就取冷色。通过耳朵的投影、头发的亮暗面来卡出耳朵的形状，如图4-52所示。

⑨ 细节刻画。上一步完成之后使用"涂抹工具"（使用"涂抹工具"时需将透明度调低）或是"硬气笔"笔刷过渡都是可以的。用"皮肤"笔刷在亮面画出皮肤

肌理，用"阴影笔刷"画出汗毛，如图4-53所示。

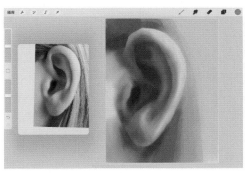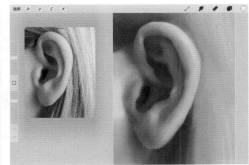

图4-52　　　　　　　　　　　　　　　　　　图4-53

⑩ 弱化头发与耳朵投影，突出耳朵，如图4-54所示。上色一般是顺着耳朵的形状去描绘，那么可以将笔刷调小，横向排线添加小细节。最后观察虚实变化，需要注意的是头发暗面与耳朵的连接处都是实的，耳朵内部结构偏虚，耳垂最为突出，需要详细刻画且颜色饱满，如图4-55所示。

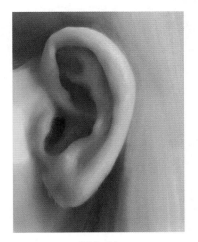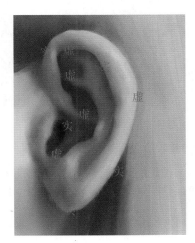

图4-54　　　　　　　　　　　　　　　　　　图4-55

4.2 少女头发的画法

头发可分为两大类：男生头发较为简单，大部分都是贴头皮顺着头部结构生长，毛发较短，不需要太多的表现手法；女生头发种类繁多，有齐刘海、公主切、盘发等。绘制原理都是类似的，注意先确定头发的形体，再进行头发的体积转折。本案

例选用较为复杂的盘发来给大家讲解头发穿插较多、头发凌乱时应该如何处理。

4.2.1 分割头发块面

如图4-56所示，有些新手碰到这种复杂的头发就无从下手，这时我们只需要观察图片，将整个头颅看作一个球体，将头发分为3～5个大组。光源在右上方，受光的影响，图中"1""2"处均处在受光面，"3""4""5"处在背光面，"1""3"组明暗交界线较为明显。当我们碰到直发、丸子头等比较简单的类型，分组就偏少。

① 这里省略了线稿图，线稿只需要概括出头发分组，注意线稿不要太杂乱，疏密要有变化。第一遍铺色，笔触顺着头发生长的方向，大面积铺上亮面、灰面、暗面，如图4-57所示。之后会发现头发可以概括成两个球体，一个是后面盘发的部分，一个是头颅部分，那么就会有两个明暗交界线，要注意位置变化。

图4-56

图4-57

② 丰富颜色，可以使用一些饱和度较高的颜色，添加灰面，增强体积感。整体颜色偏灰绿色，受光面可以用偏黄的冷绿色，背光面偏暖绿色。别忘记沿着明暗交界线的位置压重头发暗部，如图4-58所示。

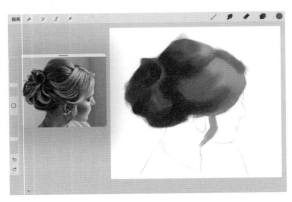

图4-58

③ 用"涂抹工具"过渡，涂抹的过程中不要破坏明暗交界线的位置以及分组，只是柔化头发间的穿插，如图4-59所示。

 提示

　　在涂抹完后，可以将前期分成的大组进行细分。如图4-60所示，用绿线表示出小组，暗面的大组中可以不用分组。要使整个头发有层次感和空间感，可以使用先分大组再分小组的办法。不要一开始就照着细节画，这样整个画面看起来才不会很杂乱。

图4-59　　　　　　　　　　　　　　　　　图4-60

4.2.2　头发的分组

① 通过参考图中的分组，用"丝绸笔刷"吸取灰面颜色，在背光面画出头发分组，画的时候笔触朝向头发生长方向。由于参考图中是卷发，画的时候需将画笔放松，自然地带出弧线，如图4-61所示。

图4-61

② 如图4-62所示，调整边缘线条，用橡皮擦出外轮廓，要注意边缘线条的虚实变化，在盘发部位擦出底色让画面有延伸感和透气感。再将"丝绸笔刷"调小，细分小组带出头发丝，注意头发体积感和整体画面。加强光影关系，盘发部分受光面用大块面笔刷提出，这时也可以加入反光丰富颜色，受光面则不用加入太多变化。

③ 塑造头发体积关系，在头发空隙的部分压重暗部，提出头发分组的受光面，加强头发分组，如图4-63所示。这里需要注意的是有些小组在上方，有些小组在下方，需塑造空间关系，拉开层次变化。

图4-62   图4-63

4.2.3 头发丝的刻画

① 在做好体积关系的基础上，可以使用"丝绸笔刷"或是"阴影笔刷"调整细节，如图4-64所示。将前面分好的小组再细分，边缘的形状不要太规整，也是按照分组的结构来带出头发丝。这样选色时就不需要再去提取新的颜色，只需要吸取周边颜色即可。在头发受光点还可以加入一些冷色。

② 观察整体画面，要做到基础光影关系的明确、层次的变化和空间关系的延伸。不要小看画头发丝这一点，这能表现出头发的质感和头发整体的饱满程度，如图4-65所示。

图4-64   图4-65

4.3 少女手部的画法

手也能体现出一个人的特征，尤其是在漫画、原画中，手的绘制更能体现画师的基本功。手的结构复杂，很难找准正确的形体，所以在绘画之前先了解手部的结构、骨骼的连接和手部肌肉的转折后，再进行绘制就会容易一些。

4.3.1 手部结构与骨骼

手部结构如图4-66所示。第一条是手掌结构线，能表现出手掌的宽窄以及厚度；第二条是韧带结构线，是变化最小的一条线，弧度、宽度在不同角度下变化也不是很大；第三条是骨关节结构线，忽略了它的重要性是很多画手画不好手的原因所在，骨关节的定位锁定了每根手指的长短以及方向上的变化；第四条是指尖结构线，能直观地表达手的动态。当我们画手的背面时，将手握拳最突出的就是肌腱部位，肌腱结构线一般处在整个手的1/2的位置。

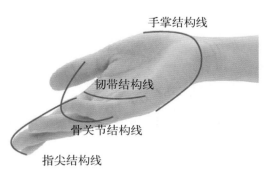

图4-66

手也会表达着一个人的情绪变化，了解手的骨骼结构、肌肉的穿插，其表现不亚于脸部。手往往呈现出非常多的起伏，这些起伏都是通过关节的不断变化而产生的。手由许多块骨骼和许多个关节组成，我们只要记住最重要的6个：远节指骨（在指尖的位置）、中节指骨、近节指骨（离掌心最近的位置）、掌骨（手掌的位置）、尺骨和桡骨，如图4-67所示。

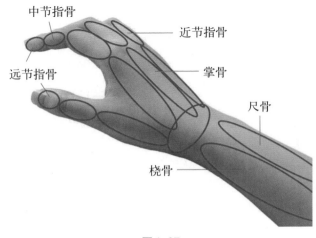

图4-67

4.3.2 手的起型和铺色

观察图片，如图4-68所示，整体暗部比较透光，颜色偏浅。手的动态幅度不大，关节呈现规整的弧线形。明暗交界线较弱，尺骨、桡骨在手腕处形成明显的骨点，是腕部造型上的一个特征。

图4-68

① 在起型上，手部比头部还要复杂，每一个骨关节的位置都极其重要，会影响整个手的造型，这时可以用结构线起型法。先拉弧线，在弧线上找关节点进行连线，或者使用网格工具来辅助，手指、手腕以及手掌和胳膊的比例要准确，如图4-69所示。

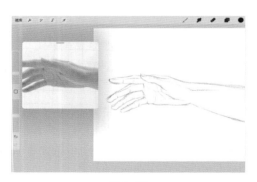

图4-69

提示

  在手部起型时不要像头部起型一样去概括，画的线条最好干净准确，对后期上色会有很大的帮助。

② 铺大色时，受光面直接用淡黄色上色，手的高饱和处一般处在指尖和明暗交界线的位置，可以大胆用色。背光面整体用冷灰偏红上色。当画暗部皮肤时，不是颜色越重就越能表现光影效果，而是选对合适的颜色，才能既表现亮暗面，又表现出皮肤透光的感觉，如图4-70所示。

③ 如图4-71所示，手的暗部，选调色盘靠左偏上的位置的色彩，饱和度不宜过高。大胆去铺色，前期把形画好，后期直接用橡皮擦出外轮廓。

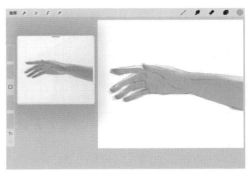

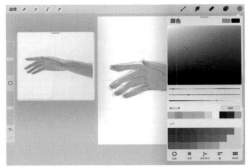

图4-70　　　　　　　　　　　　　　　　　图4-71

④ 加入反光色。这里在暗部加入了和红色相对的颜色——蓝色和绿色，还有邻近色——黄色。当取反光色时，在调色盘中上方取色，饱和度偏高且明度偏高，这样后期涂抹时不会显得画面过脏，如图4-72所示。

⑤ 简单进行涂抹，如图4-73所示。将笔刷大小调成适中，不透明度降低，使笔刷更柔和，再去轻轻过渡。涂抹过程中选局部涂抹，比如明暗交界线处和有小转折的地方。

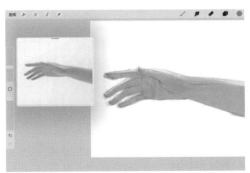

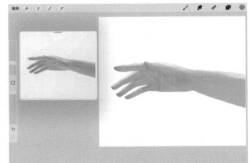

图4-72　　　　　　　　　　　　　　　　　图4-73

⑥ 如图4-74所示，找好骨关节的转折和手上的褶皱处，用重色压住。在指尖的明暗交界线等较为明显的位置也加入重色，让指尖的体积感更强。用笔刷进一步过渡明暗交界线，使之更自然。在大拇指连接的肌肉处使用荧光色提出反光。

⑦ 整个手的透光性比较强，所以反光选色是关键。皮肤的颜色要柔和且自

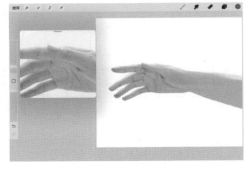

图4-74

103

然，手部暗面要是一个整体，指甲盖的色彩只需要吸取皮肤颜色、提高明度、画出色块，再在边缘画几笔重色就可以表现出来，如图4-75所示。

⑧ 吸取暗部皮肤的颜色，明度和饱和度都会降低，那么所调整的这个颜色可以画重色。在大拇指的下方会有投影，在转折处压重色。手部关键的骨骼点位，还有指头的关节处也需压重色，如图4-76所示。

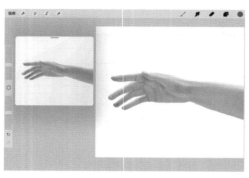 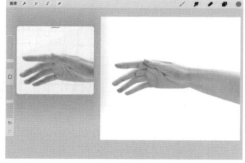

图4-75　　　　　　　　　　　　　　　图4-76

4.3.3　手的细节刻画

① 画细节，如图4-77所示。用"阴影笔刷"将刚刚压重的部分破形。每一个关节处肌肉包裹的时候有挤压，与此同时就会出现褶皱，这时需把笔刷调小画出小细纹。手的结构不是单一的，所以随着手的动态，每个手指指尖会存在大小不一的投影，这是区分开每个手指的关键，投影在表现出手指指尖的灵活关系中也是非常重要的。

② 在指尖再次加入高饱和颜色，使指尖透有肤色。画完细节后一定要仔细检查整体画面，加强体积感的同时，细小的线条也融为一体，整个手干净透亮且颜色丰富就算完成了整体画面，如图4-78所示。

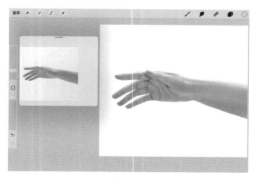 

图4-77　　　　　　　　　　　　　　　图4-78

第 5 章

厚涂少女插画
的服装训练

本章主要介绍服装质感的表现技法，服装体积感的表现技法，服装褶皱的表现技法，以及服装款式的表现技法等。

5.1 服装质感的表现技法

当我们画服装时，一方面要画出衣服的体积感，另一方面需要准确地表现出面料的质感。不同的面料和穿衣风格表现了人物的性格。服装的质感一般体现在稳重感、分量感、造型感和层次空间感几个方面，服装种类也要通过这四个质感来区分。

5.1.1 常见面料的质感特征

有些衣服挺阔有型，有些衣服轻软飘逸，这是因为面料材质不同，而面料又是不同成分的线通过不同的编织方式编织而成。在我们的生活中，服饰种类琳琅满目，最为常见的面料材质有以下几种。

① 纯棉面料。纯棉面料以棉花为主料，属于中厚型面料，透光较弱，是服装的重要面料之一。纯棉面料比较容易塑形，纹路感比较弱，因此也是最容易绘制的一种面料，如图5-1所示，只需要观察面料的转折与体积即可。

② 丝绸面料。用蚕丝制作而成，面料偏薄，不容易塑形，适合做成睡衣这种贴身衣物，有着很强的亲肤感。丝绸面料是光泽感较强的面料，并且能反射出亮光，纹路感较弱，质地爽滑，如图5-2所示。

 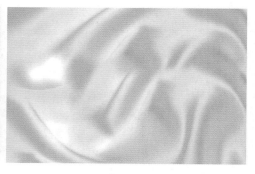

图5-1   图5-2

③ 皮革面料。质地偏柔软、光泽度好、表面纹路自然、平整细腻且富有弹性。皮革面料一般用来做成外套，轻盈保暖，如图5-3所示。

④ 薄纱面料。薄纱分为两类：一类为软纱，柔软半透明质地，飘逸，光度较柔和；另一类则是硬纱质地，大部分婚纱都采用硬纱材质，如图5-4所示，轻盈但是带有一定硬度，边缘褶皱相对清晰，也是半透明材质的。

图5-3　　　　　　　　　　　　　　　　　图5-4

⑤ 针织面料。如图5-5所示，针织面料是通过织针把纱线弯曲成圈，然后相互串套而形成的织物。针织面料光泽自然柔和，有漂光，手感柔软而弹性丰富，面料偏平整，不易起褶皱。在绘画中，针织面料跟纯棉面料类似，肌理感较少。

⑥ 毛皮面料。如图5-6所示，毛皮面料是用动物的外皮制作而成，颜色丰富有层次，纹路感较强，有一定厚度，绘画时要画出"厚实感"，且要把亮面和暗面分别当作一个整体，在明暗交界线附近画出不同层次的毛。

图5-5　　　　　　　　　　　　　　　　　图5-6

⑦ 牛仔面料。如图5-7所示，牛仔质地偏硬，光泽度适中；纹路明显，容易建立造型；颜色泛白，在画完体积的情况下，上色时还可以加入一些线条，但切忌颜色差别太大，从而导致太过突兀。此类面料制作的衣物比较宽松，不容易突出人物身材。

⑧ 仿羽毛材质。如图5-8所示，仿羽毛材质是很多女生喜欢的材质，轻柔高密的羽毛纱面料，外观夸张，层次感很强，在绘画中碰到羽毛类和毛皮类的面料是最容易表现的。先表现体积感，再画出层层叠叠的边缘轮廓，就能体现出羽毛的质感。

图5-7 图5-8

5.1.2 毛绒状面料插画表现

整体面料偏厚重，体积关系较强，表面会有很多凸凹不平的肌理，如图5-9所示。

① 画出每一个褶皱的黑白灰关系，前期使用"硬气笔"笔刷来铺大色，在第一遍铺色时选取中间色。如图5-10所示，亮面颜色偏冷，暗面颜色偏纯且饱和度较高，选取暗面颜色时可以采用橘红色。

图5-9 图5-10

② 当我们能看出所画布褶的位置以及方向时，就可以删掉草稿图层了。先压重褶皱转折中最重的部位，并且轻轻向灰面过渡；再用明度较高的冷色提出亮面，顺便收出边缘形状，如图5-11所示。

③ 丰富颜色。可以在灰面加入暖色，亮面加入冷色，把布褶的转折点压至最深，即饱和度较高，再进行过渡。毛绒状布料与棉质布料不同，不需要画出很清晰的边缘，如图5-12所示。

④ 使用"质感1"和"纹理2"笔刷，先从褶皱边缘吸取原有的颜色来破形，使边缘有毛绒感，再吸取灰面的颜色在亮面和灰面的中间随意打圈，如图5-13所示。

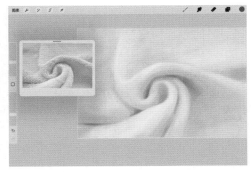

图5-11 图5-12

⑤ 如图5-14所示，不需要每一个肌理都非常清晰，但需要整张图存在体积感，并且每个褶皱都有叠加关系，也有毛绒的质感。褶皱以外的地方用"皮肤"笔刷处理肌理。

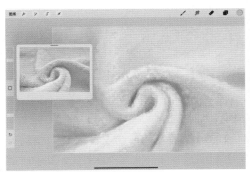

图5-13 图5-14

5.1.3 羽毛状面料插画表现

整体颜色偏浅，前后关系不明显，体积感相对较弱，如图5-15所示。

图5-15

109

① 画出阴影部分。找出所有的阴影后，再去比较每处阴影的轻重，做出区分。把阴影的形状和定位画准确，此时亮部不需要刻画，包括羽毛的细节也不需要在第一步就画出来，如图5-16所示。

② 塑造明暗交界线。顺着羽毛的走向带出几组毛的形状（几根为一组，不能太少也不能太多），破开阴影的形状，增添画面活跃感，才不会显得很呆板，如图5-17所示。

图5-16

图5-17

③ 找出灰面，使画面增加层次感。这一步可以细化暗面的形状，将每根羽毛的形状和形态以及方向具体化，如图5-18所示。

④ 如图5-19所示，从视觉中心点开始塑造，使用"阴影笔刷"再次细化羽毛的边缘。将笔刷调小，画出长短不一、疏密有致的边缘毛发，再画上几笔有力度的长线条来表示出羽毛杆，并且再次刻画时是往之前的层次上进行叠加而不是覆盖，颜色也可以有所变化。

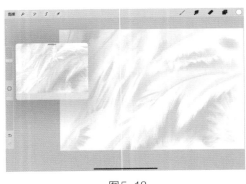

图5-18

图5-19

5.1.4　长毛类面料插画表现

这类面料仿动物毛，如图5-20所示。将整个图片的亮灰暗部分为五大色调，如

图5-21所示。按顺序排列，颜色最深的地方是"①""②"面，因为它们处在暗部，而且固有色比较深。灰色面是"③"，亮灰面是"④"，最后亮面"⑤"是毛发最亮的地方。

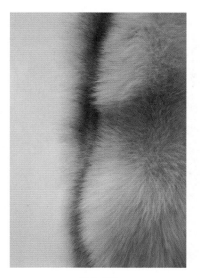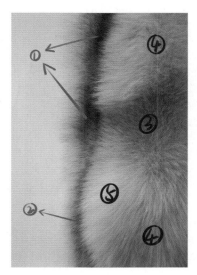

图5-20　　　　　　　　　　　　　　　　　图5-21

① 先画出衣服上的明暗交界线，找出衣服固有色对应的颜色，将其整体铺满，再修饰衣服边缘和形体。上色时不能过于随意，需压重暗部颜色，区分亮部，使衣服有立体感，如图5-22所示。

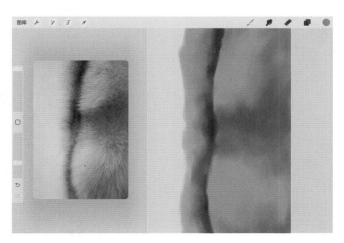

图5-22

② 细化、加重明暗交界线，画出反光部分，如图5-23所示。这一步要破形，在亮部和暗部过渡的地方，带出几组线条。从亮面到暗面时吸取亮面颜色在转折处破

形，从暗面到亮面时吸取暗面颜色破形。

③当遇到毛发比较多的情况，不能只在表面添加毛发，一定要有叠加关系。先画中间上色的毛发，在中间空隙处加入重色毛发，最后在毛发最上层添加小面积亮色毛发，如图5-24所示。

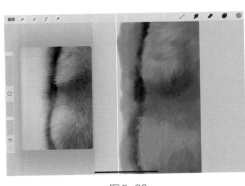

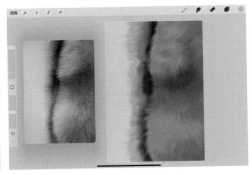

图5-23

图5-24

④如图5-25所示，画成组毛发时应该像"①"一样，画出至少三层叠加关系，并且颜色也应该有所变化。如果只像"②"一样，就会显得生硬和动态不足，显不出毛发的厚重感。最后提出高光，这里的高光不是某个点或者某个线条，而是由表面的毛组成的一个受光面，如图5-26所示。

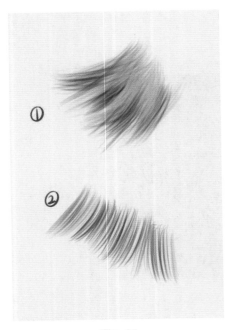

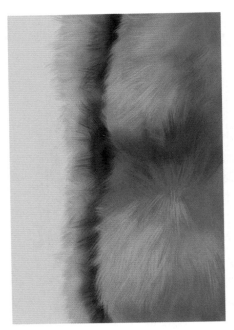

图5-25

图5-26

5.2 服装体积感的表现技法

服装体积感的描绘类似于画几何体，体积的塑造都是通过亮灰暗来表达的，而服装绘画的不同点在于要考虑到人物动态和不同形状的褶皱。

5.2.1 服装的起型方法

首先将上半身主体看作一个几何体，如图5-27所示；将两个胳膊看成两个大圆柱体和两个小圆柱体，脖子也视为一个圆柱体，如图5-28所示。确定右边来光，整体暗面就在画面的左侧。

图5-27　　　　　　　　　　　　　　　　图5-28

5.2.2 服装的体积转折

如何在不考虑褶皱的情况下来塑造服装体积？首先要有人物是由几何体组成的意识，这样比较容易区分亮、暗面以及明暗交界线的位置。先找出灰面，然后压重暗部，最后提出亮面，服装整体的体积感就塑造出来了，如图5-29所示。但还需要画出阴影关系，才能加强体积感和画面整体效果，如图5-30所示，"①"是领子在衣服上的阴影；"②""③""④"是袖子在衣服上的阴影；阴影最深的是"④"号位置，要注意阴影之间的轻重变化。

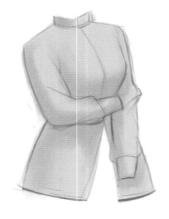
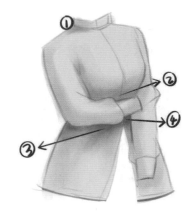

图5-29   图5-30

5.2.3 服装的色彩体现

　　服装体积中的色彩关系原理与画头像类似，只是表达的方式更简易化。因为要体现出服装柔软的质感和转折，所以涂抹的次数也会随之增加，如图5-31所示。画服装时要注意服装的暗面是非常重要的，比如胳膊处衣服在两侧衣服的阴影，越靠近胳膊边缘就越暗，再慢慢往下过渡，如图5-32所示。

图5-31   图5-32

　　在服装体积画法中，只需要压重暗面，注意层次关系和虚实变化，如图5-33所示。衣服的冷暖色调变化也很重要，如果是暖色调的衣服，那么在暗部处理时可以加入多一点的冷色，如果是冷色调的衣服，就可以在暗部加入更多暖色调来进行互补，整体固有色不能破坏，如图5-34所示。

114

图5-33　　　　　　　　　　　　　　　图5-34

5.3 服装褶皱的表现技法

　　面料经过不同程度的挤压就会出现褶皱变化，速写中衣服褶皱的处理能更好地展现人物动态，厚涂人物中也是如此。褶皱也有自己的变化规律，人物的动态、光源不同，呈现的褶皱大小、长短都有所不同。画手要认真观察每一组的褶皱结构穿插，并且学会进行归纳。

5.3.1　褶皱画法分析

　　① 大概画出褶皱的形状。面料固有色是白色，光源在左上方，受光的影响不能采用纯白色进行铺色，用亮灰就可以。画暗部时降低亮面颜色明度，压重面料的背光面，并且轻扫灰面，如图5-35所示。

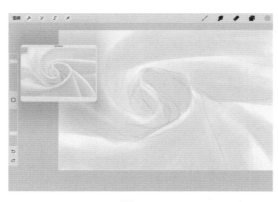

图5-35

115

② 因为面料较为柔软，用"硬气笔"笔刷继续加重面料暗部，吸取最亮的颜色（也可以偏黄一些），大面积轻扫受光面，如图5-36所示。

③ 关闭草稿图层，用"尼科滚动"笔刷吸取周边的颜色来收形，将褶皱边缘轮廓清晰化，如图5-37所示。亮、灰、暗面体积分开后，就可以使用较柔的"涂抹工具"进行涂抹了。涂抹时亮面向灰面过渡，暗面也要朝灰面过渡。

图5-36

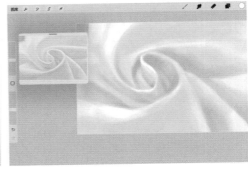
图5-37

④ 如图5-38所示，加强体积关系，将每个褶皱的层次和空间关系拉开，就能明确地看出褶皱的位置。在画布褶时，体积关系是最重要的，很多新手画布褶时容易画出"铁皮"的质感，所以应时刻观察褶皱是否自然流畅。布是柔软的，所以一定要注意过渡关系的顺畅。只有在亮暗面转折最明显的地方，亮暗面的区分才是最为清晰的。

⑤ 将布褶清晰化，吸取暗面颜色，压重暗面边缘，提出在上方的褶皱。塑造中心在衣服褶皱最多的地方，边缘可以相对虚化，使整个画面有实有虚，如图5-39所示。

图5-38

图5-39

5.3.2　褶皱绘制步骤讲解

① 起线稿时要学会处理画面。一眼看去我们会发现有很多细小的褶皱，这时就

应该对其进行删减，如褶皱杂乱时，删掉不影响服装动势和过度密集的褶皱，这样能减少工作量，也会使画面更简洁、美观和更有层次感，如图5-40所示。

② 当处理好褶皱后，就可以根据线稿画出暗面。控制好每一块暗面区域的大小，不能一模一样，要有变化和节奏感，如图5-41所示。不会画的褶皱大多数时候可以用三角形概括。

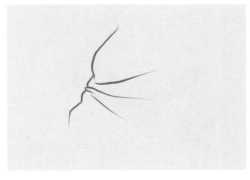

图5-40

图5-41

③ 如图5-42所示，隐藏草稿图层，规整线条，清晰边缘。提出亮面颜色时将暗面和灰面的面积空出，再调小笔刷去绘制细小的褶皱。暗面的形状可以使用"涂抹工具"模糊边缘，服装的转折处也不要太生硬。

④ 细化时先用"涂抹工具"过渡分好的亮、暗面，在两个褶皱最明显的挤压处涂抹最重的颜色，和其他暗面颜色区分开来，就完成了褶皱部分的塑造。最终效果既有层次感，还有轻重变化，如图5-43所示。

图5-42

图5-43

5.3.3　袖口布褶插画表现

袖口褶皱的形状一般呈现圆弧形，褶子偏圆润，明暗交界线过渡自然，边缘不需要卡重色。如图5-44所示，图中衣服袖子和袖口褶皱的形状、走向，不用每个褶皱都画出来，概括出几个重要地方，如袖口处、袖子上等。袖子整体上固有色，再加重暗部颜色，带出灰面过渡，如图5-45所示。

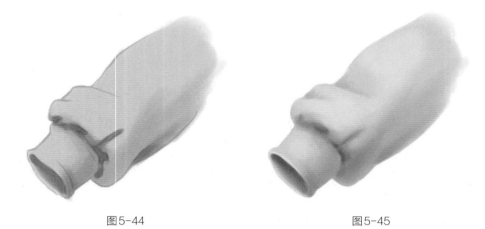

图5-44   图5-45

压重明暗交界线，用灰面过渡暗部和亮部，注意不要出现特别黑的一根线，要把线过渡到"面"里面，和暗部融为一体。观察衣服是否成"整体"，画面中不能出现某个部分很白或者很黑这种看起来很突兀的情况，如图5-46所示。最后把亮部提亮，衣服暗部加上反光，即环境色，如图5-47所示。

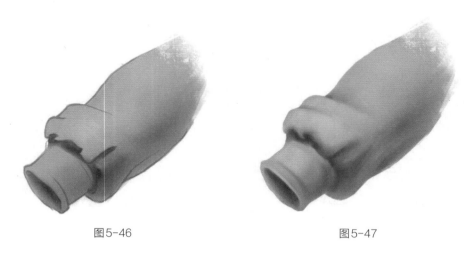

图5-46   图5-47

5.3.4 领口布褶插画表现

领子的褶皱一般出现在领子在衣服上的投影处，如图5-48所示，领子收口较紧，所以呈现的褶皱就较为细小且数量偏多。平整的领子下方出现的褶皱就不是很明显，比如翻领。

起型的时候就要把褶皱的形状、走向概括出来，包括明暗交界线。领子对衣服的投影比较小，不用画过多阴影。下领的边缘要压重，再过渡到阴影里面。

褶皱并不是死板的，而是灵活变化的，褶皱暗部到亮部的过渡也是大有讲究，靠近受光面的褶皱变化由于有光照射，颜色转变不需要太明显，而暗部褶皱越靠近领子边缘颜色越重，如图5-49所示。

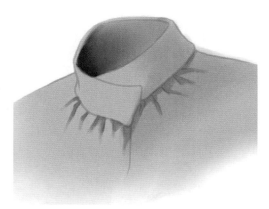

图5-48

衣服边缘与环境交界的地方要轻轻地卡出一条线，颜色不要太深，要粗细适中。加重褶皱部分，用"涂抹工具"过渡每一个褶皱，增加体积感，切记调小笔刷。提高衣服的饱和度和明度，来提亮褶皱的受光部分，如图5-50所示。

图5-49

图5-50

5.3.5 腰部褶皱插画表现

在日常生活中，我们经常会碰见女生穿收腰服饰，在系上腰带时，褶皱也随之拉伸，褶皱的转折变化也比较明显，如图5-51所示。

腰带四周的投影，最重的部分是在腰带下方，褶皱也相对偏多。先把腰带上方的褶皱部分过渡均匀，再加重腰带下方投影明暗交界线。要控制褶皱位置、形状和轻重变化，越靠近腰身两侧的褶皱越轻，如图5-52所示。

图5-51   图5-52

5.3.6 胳膊褶皱插画表现

手臂弯曲的时候，袖子上的褶皱是最多最明显的，大臂与小臂交接的地方褶皱最多，因此要学会剔除不重要的褶皱。受力越重折痕越重，颜色也就越深。因为褶皱较为明显，可直接使用重色画出褶皱的方向，如图5-53所示。

图5-53

沿着上一步所画的不同长短的褶皱，朝不同方向对其进行过渡，在挤压最明显的部位再次加重深色，其他部位的褶皱可以稍稍弱化。并不是每个褶皱都需要画得很明显，要有变化，如图5-54所示。

通过挤压会出现褶皱，但要先有体积的变化。画褶皱时一定要考虑，每根褶皱过渡后会出现长短不一的变化。所有的塑造聚集在挤压处，需拉远每个褶皱的空间关系并丰富其层次变化，如图5-55所示。

图5-54   图5-55

5.4 服装款式的表现技法

服装款式繁多，表现手法大同小异，只需要记住绘制方法的几个重点，便能轻松驾驭。本节讲述服装的形态会随着人物的动作以及身形而产生怎样的变化，不同面料会有怎样独特的质感，最容易出现褶皱的部位受光源的影响有什么不同，等等。下面选取了几个典型的例子来进行讲解。

5.4.1 吊带插画表现

在绘制衣服之前先要知道衣服的材质，如图5-56所示的女士吊带，纯棉材质，面料偏紧身，所以画的时候要采取相应的处理方式。先加强体积关系，使服装更有立体感。因为是紧身的衣服，所以没有太多褶皱，只有些许细小的褶皱，如图5-57所示。

像吊带这种服饰，在绘画中应该主观地去给它加上厚涂，如图5-58所示。再用"轮胎笔刷"添加一些自己喜欢的肌理，颜色明度和饱和度可以偏高，大部分扫在亮部，如图5-59所示。

图5-56　　　　　　图5-57　　　　　　图5-58　　　　　　图5-59

5.4.2 连衣裙插画表现

当碰到褶皱偏多的服装时，先将明暗交界线处的褶皱画出来，如图5-60所示。由于面料材质偏软，呈纱状，所以投影的形状非常明显。后面的裙摆可以在铺完大色的情况下，用橡皮轻轻擦出透光的感觉，如图5-61所示。

图5-60 图5-61

光从右上方照射在连衣裙上，腰部转折部分处在暗面，是颜色最重且褶皱最密集的地方。加重暗部投影以及和亮面相接的边缘线，用重色画出明确的边缘形状，并且在领口带入小的褶皱。再在亮面添加一些不明显的转折，将暗部的明度调低，饱和度调高，轻轻扫出亮面褶皱的形状，效果如图5-62所示。要记住每一个褶皱都是有形状的。

连衣裙固有色，如图5-63所示。

图5-63

图5-62

 提示

　　整个塑造过程用到的是"阴影笔刷"，其边缘较柔和，一头尖一头粗，便于控制褶皱的变化。

　　最后将整个画面的褶皱过渡自然。观察图片可知，腰部褶皱是最深的，后面的裙摆和前面的裙摆衔接的部位会出现投影，裙摆亮面有两个最为明显的褶皱，注意整体画面褶皱的层次变化关系。调整画面边缘线条将其收拾干净，画清楚转折的线条，再用亮色画出布褶的受光点，面积不需要太大，不能覆盖掉之前的暗面和灰面，最终效果如图5-64所示。

连衣裙反光色，如图5-65所示。

图5-64

图5-65

 提示

　　这里使用"细节笔刷"或"阴影笔刷"都可以，注意画褶皱是在新建图层上进行的，需确定后再合并。

5.4.3　衬衣裙插画表现

　　吊带和连衣裙的面料偏轻柔，而衬衣裙则正好相反，衬衣裙面料大部分是含棉的，挺阔有型，造型能力和褶皱较强，没有透光的地方。在绘画时要先分出衣服整体的亮暗面，如图5-66所示；再画出不同布褶的走向和长短，如图5-67所示。

图5-66

图5-67

　　衬衣裙褶皱的描绘包含了之前讲解的不同部位的褶皱变化，那么这时面对多个部位的褶皱，我们该如何处理？如图5-68所示，腰部在整个画面最不受光的地方，因此腰部是褶皱最为密集、褶皱颜色偏重的地方。并且因为腰带将腰部收紧，所以人的视觉中心也就集中在腰部，袖子和袖口的部位可以弱化处理，如图5-69所示。

图5-68   图5-69

　　褶皱的轻重变化可以在上一步中统一处理。在这一步中加重转折最为明显的几个部分，要分别处理，而不是所有重色都聚集成一堆。最重的几个点在腰带和袖口的分界处、领口的转折处，还有袖子在衣服上的阴影。处理完后，画面的效果一下就呈现了出来，再收出干净的褶皱形状，如图5-70所示。很多新手将褶皱聚集成一堆后就不再处理，整个画面效果就会模糊不堪，因此在画褶皱时，不能忽视褶皱与褶皱之间的变化。

　　服装固有色，如图5-71所示。

图5-71

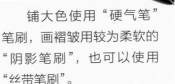

提示

　　铺大色使用"硬气笔"笔刷，画褶皱用较为柔软的"阴影笔刷"，也可以使用"丝带笔刷"。

图5-70

　　肌理的画法其实非常简单。如图5-72所示，线条感肌理是最为常见的，要先明确体积关系，拉开黑白灰关系，才能去处理肌理。新建一个图层，在新图层中，调好颜色和笔刷，从上往下画肌理，最好一次画完一整根，中间不要停顿。在画的过程中，需注意线在受光面和背光面的轻重变化，还有处在褶皱处的肌理需要根据褶皱的起伏走向而变化，这样画出的肌理才会生动自然。

图5-72

 提示

在处理较为复杂的肌理时会有专门的材质笔刷，而像这种简单的肌理就可以自己直接画出来。

5.4.4　羽绒服插画表现

羽绒服的画法大同小异。羽绒材质会使得衣服鼓鼓的，一般会用线将其隔断，所以在描绘衣服体积时要表现出衣服一节一节的感觉，如图5-73所示。整体铺完大色后，用明度较高的颜色提出每一节的亮面，可以使用"硬气笔"笔刷或"喷枪"笔刷。边缘较为柔和，每一节都有自己的明暗交界线。压重每一节的分割处，笔触一定要松动，不需要卡出很实的线条，如图5-74所示。

图5-73

图5-74

画出褶皱变化。最为明显的褶皱在腋窝和胳膊肘处，其他地方的褶皱可以轻微带出。再画出投影的形状，越靠近两个面的转折部位阴影越重，尤其是围巾在羽绒服上的投影，面积也偏大。再次过渡完之后，就可以处理羽绒服边缘。羽绒服的边缘是鼓鼓的，用橡皮把凹凸不平的变化修出来，画完这一步时整个画面体积感要有很强的体现，如图5-75所示。

围巾服装配色，如图5-76所示。

图5-76

图5-75

Tips 提示

　　前期画褶皱可以用"尼科滚动"笔刷，粗细要有变化。

最后细化褶皱时用"阴影笔刷"卡出清晰的边缘，再给领子加入质感，在领子表面画出至少三个层次的毛。如果觉得羽绒服的质感不是很明显，可以再用"喷枪"笔刷提高亮面明度，要注意的是越靠近光源的亮面明度是越高的，如图5-77所示。

图5-77

Tips 提示

　　切记不是肉眼看见什么就要画什么，省略不重要的地方，使整个画面重点突出，画面会更出彩。

第6章

厚涂少女插画的配件训练

学完少女局部特写和服装的描绘，那对于生活中的简单小物件更能轻松上手了。偏偏是这些不起眼的小物件，更能撑满整个画面，使画面更有吸引力。本章也会穿插讲解背景应该如何绘制，并且介绍如何处理整张画面的主次关系。本章的几个案例，从单个物件到完整画面来给大家做详细讲解。

6.1 帽子和首饰插画表现

帽子与首饰是我们日常生活中经常碰见的事物，当我们画古代仕女图时，首饰更是处在了整个画面比较重要的位置。饰品中也有各式各样的材质，不同材质就会有不同的表现手法，例如：不锈钢、钻石、玻璃是通过反光的变化来突显主体的，毡帽、围巾是通过毛绒绒的边缘来表现质感的，等等。

【本案例使用笔刷】

"6B铅笔"笔刷（绘制线稿）、"硬气笔"笔刷和"阴影笔刷"（画珍珠项链）、"尼科滚动"笔刷（画贝雷帽）、"硬气笔"笔刷（涂抹过渡），如图6-1所示。

【本案例绘制要点】

① 配饰的刻画。所有物体的刻画都是建立在有体积之上的，并且配饰的刻画要根据整体画面来斟酌，只需要刻画靠近主体的部分。

② 画面绘制重点。本案例是单个物体练习，所以尽可能地想象环境色，环境色能加强物体的体积，还能使画面更加生动自然。比如一个瓶子不加入环境色就像水泥做的，加入环境色就变成了玻璃瓶，所以环境色的运用也是非常重要的，当配饰处在一幅画当中时如何选择环境色就要考虑到周边颜色了。

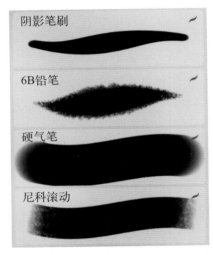

图6-1

6.1.1 贝雷帽画法

① 跟人物局部画法步骤类似，还是先起好型后，铺大色时把受光面和背光面灰面区分开，在背光部分加入一些灰绿色，画出帽子底部的投影，如图6-2所示。帽子配色如图6-3所示。

图6-2

图6-3

② 把帽子看作一个球体，如图6-4所示，笔触朝逆时针方向涂抹，轻轻扫入灰面。在背光面添加环境色时用蓝紫色，如图6-5所示。

逆时针旋转

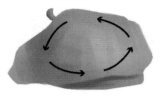

图6-4

图6-5

③ 压重暗部，画出受光面的褶皱部分，如图6-6所示。再使用"涂抹工具"涂抹过渡褶皱，降低褶皱的颜色明度，并且过渡灰面。褶皱不要画得太过生硬，所以褶皱只需要分2～3个面即可。最后可以再提高受光面的明度，可以使用饱和度较高的颜色，使帽子的体积更加饱满，如图6-7所示。

图6-6

图6-7

6.1.2　珍珠项链画法

如图6-8所示，图中首饰属于珍珠类，反光较强。珍珠类首饰是比较常见的一种首饰，种类繁多，绘画时看似复杂，但其实并不难，往往分成3个面就能表现出珍珠的特征。

图6-8

本案例需要画的是由三颗不同颜色的珠子和一条金色项链组成的项链，项链的插画表现效果和配色参考，如图6-9所示。

图6-9

① 用"阴影笔刷"起型，画出珍珠的形状，需要注意的是珠子并不是正圆形，基于透视原理会出现一边小一边大的形状，而且要注意每颗珠子之间的距离，如图6-10所示。

② 将图层锁定后，用"硬气笔"笔刷绘制高光。先调大笔刷画出整个珍珠的高光，再虚化高光的边缘，可在暗面反光中加入一点黄色进行互补，如图6-11所示。

图6-10   图6-11

③ 新建图层，画出珠子表面的映射图案。先铺个完整色块，中间有一些小色块或是线条用"阴影笔刷"来表现。画反光图案时饱和度不能过高，再把边缘用橡皮擦出流畅、完整的形状，如图6-12所示。

图6-12

 提示

　　每一个重色区域的颜色只需吸取相对应珠子的颜色，再降低明度，提高一点饱和度即可。

④ 在新建图层上画出金扣眼，用黄棕色铺色，注意近大远小的关系。画出受光面，再用金黄色点缀几笔，就会出现带金的效果。在珍珠洞口铺重色，最后在珍珠图层给金色扣眼画上阴影，如图6-13所示。金链子配色如图6-14所示。

图6-13　　　　　　　　　　　　　　　　　图6-14

⑤ 新建图层，用"阴影笔刷"画金链子。先铺土黄色的底色，再用红棕色画出转折重色面，用"涂抹工具"分别涂抹，有些转折处清晰，有些转折处模糊。最后画上亮面颜色，表现出链子的受光面，用橡皮擦出有棱角的边缘，如图6-15所示。

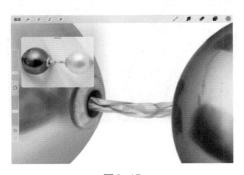

图6-15

⑥ 新建图层，用白色直接点出最亮的高光点，边缘形状还是呈发散状，再加入一些反光，如紫色珍珠里加入一些绿色，而白色珠子只要是冷色就行。注意链子的虚实关系，链子朝边缘逐渐虚化。如果这时发现形态不对也可以用"液化工具"调整轮廓，使边缘更加圆润。最后在整体画面突出珠子主体以及细节变化，如图6-16所示。

图6-16

131

6.2 戴首饰的少女插画表现

如图6-17所示，参考素材的整体色调偏暗，左边背光部分的边缘轮廓不清晰，脸的受光面和背光面对比强烈，首饰佩戴较多，所以需要建立的图层就会较多，这都是在绘画前需要考虑的问题。

图6-17

本案例戴首饰的少女插画表现效果和整体画面配色参考，如图6-18所示。

图6-18

【本案例使用笔刷】

"6B铅笔"笔刷（绘制线稿）、"硬气笔"笔刷和"阴影笔刷"（细化首饰、涂抹过渡）、"尼科滚动"笔刷（细化人物），如图6-19所示。

【本案例绘制要点】

① 首饰的表现。本案例背景单调，只能靠首饰来丰富画面。加强首饰体积的刻画，画出首饰的质感，并处理清楚首饰与人物皮肤之间的关系。

② 突出画面重点。头发、手套、衣服、背景之间的明度相近，这时可以通过冷暖对比的方法进行区分，也可以拉开相邻物体之间的明度来分出层次，注意画面整体的空间关系。

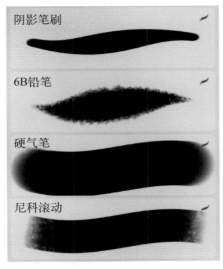

图6-19

6.2.1 绘制线稿

① 侧脸起型。通过额头、鼻头、下巴三个点将外轮廓概括成一个弧线，再通过弧线勾勒出五官的形状，如图6-20所示。

② 侧面画五官。注意眼睛和鼻孔的透视关系，最好先画透视线，之后再画五官会更加准确。第一步起型时先将人物整体造型画清晰，不用考虑很多小物件，如耳环、项链等。虽然参考图中暗部轮廓不清晰，但大概的轮廓线也需要表现出来。看不清手部的边缘轮廓时，可以自行调整，只要手的整个动态结构是对的即可，如图6-21所示。

图6-20

图6-21

133

③ 新建图层绘制耳环和项链草图。耳环看似比较复杂，但我们可以将它概括成几何形去描绘，不用添加太多的细节，因为画面的重心在于人物。观察项链，珠子有大有小，将其分成三大块。再新建一个图层，在"耳环"图层下方，用线条表现出每一串珠子和脖子的关系，注意每根线之间不能是平行状态，否则会显得很不自然，如图6-22所示。

④ 绘制项链线稿。画出一个一个珠子，并且每颗珠子之间相接的地方不能有间隙，画到脖子两侧的位置时，珠子需要密集一些。画完珠子还需要再观察整体项链形态是否好看，近大远小的空间透视关系有没有表现出来。最后将画线条的图层"删除"或"隐藏"，如图6-23所示。

图6-22

图6-23

 提示

　　人物起型时可以用"6B铅笔"笔刷，画首饰时可以换成"阴影笔刷"。绘制首饰时最好每一个图案都是全封闭的，这样在后期上色会比较方便。

6.2.2　铺人物大色块

① 如图6-24所示，新建图层给整体画面铺上固有色，当描绘人物身上的黑色衣服和手套时，不能直接使用黑色。整体画面偏冷，饱和度一定要偏低，手套可以加入一点偏蓝的颜色，也可以在衣服中加入一点红，以便拉开衣服和手套的关系。找到脸部受光面和背光面的明暗交界线，画出"阴阳脸"（脸一半白，一半黑），增加对比度，注意暗部颜色不能画脏，要有色相。图中头发、衣服、手套

图6-24

的颜色比较接近，所以要进行处理，拉开层次。

② 如图6-25所示，直接将背景颜色选好（不能使用纯黑），再添加人物环境色，自然过渡暗面和亮面颜色。饱和度可以偏高一些，透出皮肤色，并且表现出脖子和锁骨的转折。过渡头发颜色，注意受光面的整体形状，手套边缘的形状要收形，但不需要太突出。固有色如图6-26所示。

图6-25

图6-26

③ 画出五官形状，饱和度不需要太高，直接压重暗部颜色，但不融于背景中，如图6-27所示。画完五官后对五官周围的皮肤进行过渡，将胳膊暗面直接压重。脸部以下的部分饱和度可以偏低一些，但也要透出皮肤红黄色的质感，如图6-28所示。塑造主体要分主次，以上几步不需要画首饰，先塑造人物体积。

图6-27

图6-28

 提示

这部分使用"尼科滚动"笔刷或者"厚涂人物铺色"笔刷。

6.2.3 铺首饰色块

① 新建图层进行首饰填色，如图6-29所示。之前提到过多种方法来填色，如设置参考图或是蒙版等。如果是封闭图形，用参考图的方法是最简单的，可以直接拖动填色；而最简单粗暴的方法就是一个一个珠子去涂色。选用自己喜欢的方式即可。耳环和项链选色时不要用白色铺底色，要用灰一点的颜色平涂，1～2个颜色简单概括，如图6-30所示。

图6-29

图6-30

② 涂抹过渡，人物边缘位置不要有太过清晰的外轮廓。在上一步铺完色块后，会发现整体画面偏硬，这时就需要将面与面之间进行"柔和"处理，如图6-31所示。

③ 在首饰图层中，初步画出耳环的亮面和暗面色块，如图6-32所示。

图6-31

图6-32

 提示

涂抹笔刷使用"硬气笔"笔刷，画耳环使用"阴影笔刷"。

6.2.4　刻画五官体积感

① 画出人物面部体积。无论重新细化多少遍，都是从最主要的五官开始。在画这种亮暗面对比强烈的人物时，不能一次性压重暗部颜色，要反复铺色两次及以上。过渡体积时需要注意鼻子的左边是暗部，鼻梁右边先有一个灰面才转到亮面，包括鼻翼也是有厚度的，在考虑光影的情况下不要忽视了体积，如图6-33所示。

图6-33

② 塑造完脸部体积，紧接着塑造与五官有连接的皮肤。要注意当人物处于微笑状态时，脸颊上会出现鼻唇沟，也就是法令纹，并且经过光线照射会出现转折变化。画出头发在脸上的投影，包括耳朵下方的投影。切记每个暗面和亮面的中间都会存在灰面，并不是从暗面直接到亮面，没有灰面过渡会导致没有体积感。下巴到脖子的转折是比较重的，画出胸前的转折面，自然过渡锁骨，并给脖子上的珍珠加上投影，如图6-34所示。

③ 第一遍细化耳朵，如图6-35所示。通常来说耳朵不是我们主要刻画的对象，但由于耳朵处在中间的位置，所以要先把它的完整结构表现出来。在头发图层中压重耳边头发的颜色和头顶边缘处的颜色，能将耳朵突显出来。虚化头顶，整个头部会有延伸感。之后再给头发分组，直接使用头发中原有明度高的颜色在暗部提出头发分组，不需要太过明显。

图6-34

图6-35

提示

头发依旧使用"尼科滚动"笔刷绘制，注意需要先将图层锁定再画。

④ 将背景颜色变暗之后，会发现手套以及衣服的饱和度偏低、明度偏高，并且没有色相，这时要吸取原有的颜色，注意不能使用纯黑色，从上往下把亮暗面做出区分并且进行过渡。在绘制手套时，注意边缘线的起伏变化和褶皱的转折，且手套的固有色为深色，所以亮面颜色明度不能过高。人物整体色相偏红、黄色，可以在手套中加入一些蓝色（反差色）与皮肤形成对比，可以通过冷暖变化的方法或者压重投影边缘颜色的方法来区分衣服和手套，如图6-36所示。

图6-36

6.2.5 刻画首饰细节

① 画完衣服后，在皮肤图层把锁骨和胳膊相接的边缘收干净，使之过渡自然，做完这一步后就可以画项链了。珍珠在正常的情况下偏银灰色，戴在身上时由于皮肤颜色反光，会带有一点点黄色。画珠子灰面时需放松，要在珍珠周围画上一圈灰面，注意光源方向统一，在铺完灰面后不能把之前画的亮面全部盖住，如图6-37所示。

图6-37

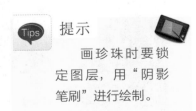

提示

画珍珠时要锁定图层，用"阴影笔刷"进行绘制。

② 画出耳环体积之后，用"涂抹工具"轻轻过渡。加上重色转折面，当光从右上方来时注意投影位置。用"阴影笔刷"点出上面的花纹，花纹不用一模一样，画出一些小肌理即可，最后提出高光部分，如图6-38所示。

③ 细化项链，如图6-39所示。每一颗珠子都有亮暗面，画珍珠时把它们看作多个球体组合而成，当项链戴在脖子上时，由于项链和脖子不在同一个平面，所以项链整体也会分出受光面与背光面。锁定项链图层，把珍珠暗面整体压重一些，受光面的颜色保持不变。

图6-38　　　　　　　　　　　　　　　　　图6-39

④ 画出每颗珍珠的暗面颜色，可以偏蓝灰色，而由于皮肤会反光，珍珠的反光与过渡面偏黄色或者偏红色，如图6-40所示，要注意受光面珍珠的亮暗面对比不是很明显。项链配色，如图6-41所示。

图6-40　　　　　　　　　　　　　　　　　图6-41

 提示

　　这一步画项链使用"阴影笔刷"或"硬气笔"笔刷进行绘制。

⑤ 如图6-42所示，详细刻画靠近视觉中心的几颗大珍珠，分出亮暗面后加入环境色，再画出高光并且提出反光的图案。旁边的珠子不用详细刻画，分出亮灰暗面即可。画靠前的晶莹剔透的珍珠时要注意高光和反光。

⑥ 如图6-43所示，在"皮肤"图层给项链加上有变化的投影，再画出戒指。观察图中的整体关系，整个画面有虚有实有细节就算完成了。

图6-42

图6-43

6.3 猫咪插画表现

找一个猫咪的参考素材，如图6-44所示，画宠物类的插画也是先做体积，观察主体的形体如何转变以及明暗交界线的位置。碰见这类有背景关系的图片时，将背景看成一个个的小色块，使之整体上看起来有近实远虚的空间关系。

图6-44

本案例猫咪的插画表现效果和猫咪的整体配色方案，如图6-45所示。

图6-45

【本案例使用笔刷】

"6B铅笔"笔刷（绘制线稿）、"头发"笔刷和"阴影笔刷"（细化毛发）、"尼科滚动"笔刷和"铺色笔刷"（铺大色）、"硬气笔"笔刷和"头发"笔刷（涂抹过渡），如图6-46所示。

【本案例绘制要点】

① 空间关系。画面中出现了三个位置的景别，前景猫咪吃饭的碗，中景猫咪，背景沙发。区分开三个层次，前景处在画面较偏的位置，背景模糊处在远处，所以两个景别应做虚化处理，前景和背景比较起来，前景稍微实一些，离主体更近。

② 画面绘制重点。猫咪的体积是很重要的，很多新手只看见了身上毛发颜色，并不在意体积关系。猫咪的体积就靠着明暗交界线表现，把头部和身体看作两个球体，明暗交界线呈现弧线形，因为毛发的叠加，会出现明暗交界线有高有低，再去压重暗面，体积就出来了。

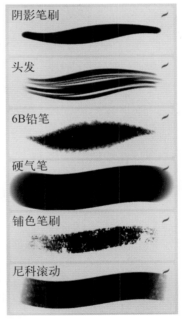

阴影笔刷

头发

6B铅笔

硬气笔

铺色笔刷

尼科滚动

图6-46

6.3.1　绘制线稿

① 画出整体轮廓，不需要太具体。确定好重色区域的形状，如眼睛周围、下巴投影、肚子暗部和猫咪身下的投影等，如图6-47所示。

② 用长线条去概括猫咪体型，不用画出毛发边缘。猫咪五官画法跟画人像的方法一样，先打透视线，把鼻子定在眼睛和下巴的中间偏上位置，如图6-48所示。

图6-47   图6-48

Tips 提示

　　使用"6B铅笔"绘画，可以新建一个或两个图层来完成。

6.3.2　铺大色块

① 第一遍铺色先从亮面开始，如图6-49所示，猫咪毛发不能直接用白色，用灰白或是偏黄一点的色调都是可以的。

② 铺完亮面后找到明暗交界线的位置。猫咪胸前的毛有好几层，可以提前加入一些层次。屁股毛也是浅色区域，但由于近实远虚的关系，所以后面的毛发的颜色明度要比前面的低，如图6-50所示。最后铺大色时需要加入一些重色去概括暗部区域。

图6-49   图6-50

③ 加重猫咪的深色区域，最重的是眼睛周围和耳朵边缘的毛发固有色，其次是肚子投影处，再次是下巴的投影和胸前毛的灰面。因为毛是浅色调，所以开始铺色时可以将背景明度降低，饱和度也不用太高，如图6-51所示。

图6-51

6.3.3　整体塑造

① 衔接深色毛和浅色毛，画出灰面颜色。笔触放松，顺着毛的生长方向自由描绘，不需要与示例图一模一样，如图6-52所示。自然过渡脸部的灰面，加入五官固有色，五官、胸前、肚子的颜色饱和度较高。最后进行涂抹，和画羽毛面料一样，顺着边缘朝外涂抹并且破开边缘形状，涂抹时要过渡每个面之间的衔接，比如灰面和暗面、亮面和灰面，如图6-53所示。

图6-52　　　　　　　　　　　　　　　　　图6-53

 提示

前期铺色块使用"尼科滚动"笔刷，涂抹过渡使用"阴影笔刷"。

② 如图6-54所示，第一遍细化形体，从眼睛周围出发，画出眼珠中瞳孔的大小，点出高光确定眼神方向。将笔刷调小画出短短的笔触，分出毛的层次，上半部分的毛是偏直的，肚子的毛偏卷，所以可以画成弧线形的线条。背景用大的笔刷铺出色块，涂抹一下即可，不用过多地刻画。

③ 再次涂抹毛发之间的衔接，不要出现太硬的笔触。第二遍细化还是从五官先开始。画猫咪的眼睛需要注意以下几点：第一就是瞳孔的大小，画瞳孔边缘时要虚化边缘线，不能太过清晰；第二是高光的形状；第三是眼睛周围的重色卡出眼球的形状；最后在眼白部分加入纯色，饱和度在整个画面中最高，如图6-55所示。

图6-54

图6-55

④ 涂抹过渡之后，先画底下的重色毛，边缘随意描绘，如图6-56所示。再画中间颜色，最后画最亮的颜色，如图6-57所示。注意要从下往上画才能表现出叠加关系。

图6-56

图6-57

 提示

画毛发时用"头发"笔刷，画肚子上的卷毛时可以将画笔调小。

⑤ 最后就是加入点缀。小胡子用"阴影笔刷"画出长短不一的毛发，画胡子也是一笔到位，不能重复描绘。细化瞳孔上的高光，加几笔纯色在肚子的毛发上，虚化背景突出主体，如图6-58所示。

图6-58

6.4　小狗插画表现

找一个小狗参考图素材，如图6-59所示。画狗和画猫是类似的，就是鼻子的画法还有毛的长短会不一样。图中的小狗毛发偏短、鼻头较黑，图片背景颜色丰富，空间关系是虚化的。

图6-59

本案例小狗的插画表现效果和小狗的整体配色方案，如图6-60所示。

图6-60

【本案例使用笔刷】

"6B铅笔"笔刷（绘制线稿）、"头发"笔刷和"阴影笔刷"（细化毛发）、"尼科滚动"笔刷和"铺色笔刷"（铺大色）、"硬气笔"笔刷（涂抹过渡），如图6-61所示。

【本案例绘制要点】

① 背景的处理。背景看似复杂，其实都是用色块堆积而成的，因为图片中背景虚化，所以背景中的物体不需要太过具象。本案例背景颜色呈灰色调，除了后面受光的地方有金黄色加以点缀，点缀的面积不宜过大。

② 画面绘制重点。细节刻画在鼻头、眼睛、耳朵处。注意鼻子的结构关系以及与肤色衔接。眼睛和眼眶的颜色相近，通过反光将两者区分开。突出耳朵和脸部的前后关系和细节刻画。

图6-61

6.4.1　绘制线稿

使用"6B铅笔"笔刷或"阴影笔刷"起型。如果有很复杂的背景，那么最好先简单交代背景。小狗的整个身体都处在背光面，所以可以在加上明暗交界线后，再画出小狗五官的位置，以及大小、比例、线条，用直线去切型。边缘线不要过于死板，注意起伏变化，如图6-62所示。

图6-62

6.4.2　铺大色块

① 小狗的毛发是浅黄色，白色的背景不便塑造。图中画面背景颜色偏重，如果先铺背景颜色就能很好地烘托出主体。画背景时的饱和度和明度偏低，画出的颜色只需要带有一点色相即可，如图6-63所示。

图6-63

 提示

　　这一步使用"尼科滚动"笔刷或者"铺色笔刷"，在"背景"图层上方新建图层再画背景，容易造成背景留白，这时就可以选择一个饱和度不高的背景颜色铺底。

② 如图6-64所示，狗狗毛发呈棕色偏黄，使用"尼科滚动"笔刷表现受光面，直接用淡黄色铺出脸部和脖子的亮面。项圈以下的身体部分饱和度和纯度都相对降低，视觉集中在鼻头部位。重色在三个区域，分别是鼻子、眼睛和耳朵处的投影。整个耳朵处在背光处，为了突出耳朵，需要提高饱和度，使耳朵的颜色和脖子颜色区分开。项圈也要分出受光和背光。

图6-64

 提示

　　描绘小狗需要单独新建图层，不能和背景在同一图层。

　　③ 增添灰面，如图6-65所示。暗面与亮面中间的转折是有灰面的，将脖子色调统一，降低整个身体的明度和饱和度。小狗配色，如图6-66所示。

图6-65

图6-66

　　④ 如图6-67所示，继续用块面分出小色块，画出小狗皮肤的转折变化，注意鼻子和嘴巴的连接。压重小狗鼻孔、眼睛的颜色，画出小狗身体边缘起伏的不规律的形状，但不用把边缘卡得太实。第一遍涂抹，不要破坏结构线，耳朵下方的投影向四周方向涂抹，突出耳朵边缘。涂抹过渡用"硬气笔"笔刷或"阴影笔刷"。

图6-67

6.4.3　整体塑造

① 如图6-68所示，第一遍塑造，从画面视觉中心点眼睛开始，画出眼睛周围的小灰面，连接鼻子和眼睛。小狗的颜色偏黄，颜色比较单调，因此在这一步就可以在身体的背光面加入一些互补色，在受光面加入邻近色，如鼻子和眼睛中间的部分就可以透出一点皮肤的红色。将脖子皮肤的转折面表现出来，画出项圈的边缘，稍微概括就好，不需要详细刻画。

图6-68

② 第二次塑造是从眼睛开始，像画人的眼睛一样，先画最重的地方，看清楚图中暗部是有形状的，如图6-69所示。再提出环境色，最后加入一点蓝色为底色，并在上面画出高光的形状。之后开始画小狗毛发，先吸取重色在灰面画出毛质感，注意暗部范围，再用中间色给眼皮破形，最后吸取亮面颜色将灰面破形。

③ 小狗的毛不像布偶猫一样偏长，所以在画小狗的时候使用"头发"笔刷并调小笔刷。要想在浅色毛区域画出毛质感，只需要吸取比灰面毛发亮的颜色。在灰面上方任意添加毛发，使亮面也有叠加关系，使动物边缘不会出现整根线条，都是毛状的即可。然后使用"皮肤"笔刷绘制鼻头，如图6-70所示。

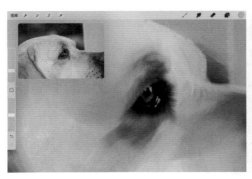

图6-69

图6-70

④ 如图6-71所示，画小狗身体上的毛发时，要在前期做好的体积上，顺着结构去画。仔细观察每组毛的走向，如眼睛下方的毛发是朝下的，脖子处的毛是朝两边横着生长的，细节要表达出来，体积感才能更好地表现出来。

⑤ 在新建背景图层中再细化一遍背景。大部分处在远处的背景要虚化处理，所以后期的背景塑造，要用边缘较为柔和的笔刷，如"硬气笔"笔刷或是"阴影笔刷"。提出房子的高光，画出左边布褶上的肌理，最后用重色卡出项圈卡扣的形状，再提出高光就完成了，如图6-72所示。

图6-71   图6-72

6.5 组合人像插画表现

碰到组合人像厚涂时，首先注意人物间的主次关系，再者需要注意主体之间的投影，要清晰地表现出空间关系。

6.5.1 分析画面主体

找一个参考素材，需要观察背景的前后关系，以及背景和两个主体间的投影关系，如图6-73所示。

图6-73

　　本案例的人物背景都是偏冷色，小狗偏暖色，在处理色调时要冷暖呼应，比如可以在人物暗部加入一些暖色，小狗暗部加入一些冷色。整个图的视觉中心点在小狗的眼睛处。本案例的插画表现效果和整幅画面的配色参考，如图6-74所示。

图6-74

【本案例使用笔刷】

　　"6B铅笔"笔刷（绘制线稿）、"头发"笔刷和"阴影笔刷"（细化毛发）、"硬气笔"笔刷（涂抹过渡）、"尼科滚动"笔刷和"铺色笔刷"（铺大色）、"丝带笔刷"（人物头发），如图6-75所示。

【本案例绘制要点】

　　① 画面的主次关系。主次关系从线稿就要体现出来，本案例两个主体在同一层次，女孩胳膊在最前面，中间是小狗，最后是小女孩的脸，这三者之间通过明显的投影来拉开两两之间的层次。

　　② 画面绘制重点。画面颜色偏淡雅，没有太重的颜色来压住画面，小狗的五官会更为突出一些，对比最为强烈，需要详细刻画。

6.5.2　起型与铺大色

　　① 使用三种起型法中的任意一种方法，从外轮廓开始快速找形状，如图6-76所示。

　　② 把背景中的褶皱部分强调出来，并且画出胳膊上的褶皱变化，三角图案先不用去画，如图6-77所示。

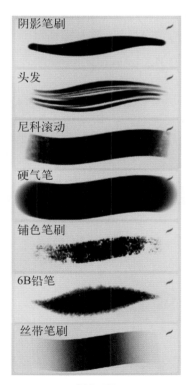

图6-75

图6-76   图6-77

③ 先铺背景颜色，分为床单和墙面两大区域。或是将床单分为受光面和背光面，再新建图层铺出脸和头发固有色。宠物头部的浅色毛发和深色毛发，并不代表头部的明暗关系，要将头部看作球体去找它的体积。宠物的饱和度需偏高一些以便突出主体，这里受光源影响从右上方打光，用大笔刷统一处理光源，如图6-78所示。

④ 最后，再铺最靠前的胳膊，用1～2个色表现，第一遍铺完色时不能使画面有留白处，如图6-79所示。

图6-78   图6-79

提示

这里使用"尼科滚动"笔刷或是"铺色笔刷"进行绘制。

6.5.3 区分固有色

① 如图6-80所示，先压出画面中的重色区域，如小狗的头在人物脸部和胳膊上

152

的投影、胳膊在宠物身上的投影、下巴在胳膊上的投影，再用中间色过渡灰面，人物皮肤较白，所以灰面颜色较浅。画宠物头部的灰面时饱和度相比人像的灰面要高一些，并且在灰面过渡时要表现出小狗整个头部的体积，再把小狗的眼睛和鼻子用重色块表达出来。

② 画出五官的小色块和双眼皮褶皱，可以适当提高饱和度。压重上眼睑和眼珠衔接处、鼻孔的位置、嘴角和小狗在人物脸上的投影，并且区分开头发的受光面和背光面，轻轻带出胳膊上的投影和褶皱的变化，如图6-81所示。

图6-80　　　　　　　　　　　　　　　　图6-81

③ 涂抹过渡画面，如图6-82所示。在涂抹组合类画面时主体之间的投影线可以保留。不要把两个主体的分割线涂抹得不清晰，并且要往外擦出动物不规则的毛发边缘。

 提示

人像涂抹用"硬气笔"笔刷；小狗涂抹用"阴影笔刷"。

图6-82

④ 如图6-83所示，第一遍细化，从宠物的眼睛开始，或者从左往右，又或者从右往左都是可以的。画出小狗眼珠的体积感，点出高光，画出眼眶的重色和眼珠的衔接，将眼窝和双眼皮自然衔接。鼻头的重色和毛发也要衔接自然，会有一个小灰

面，要表现出边缘长短不一的毛发变化，并且加重头发的投影。

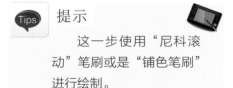

图6-83

⑤ 如图6-84所示，用胳膊重色投影的颜色，画出褶皱长短不一的形状进行穿插，并且调大笔刷锁定胳膊图层，轻轻扫出胳膊的暗面体积。将头发画出几个分组，暗面头发朝外自然扫出几笔。由于头发是次要的，所以不用刻画太多细节变化。

图6-84

6.5.4 主体与背景的关系

① 如图6-85所示，添加人物和宠物脸部的小灰面，不要只变化明度，要有色相的变化。压重人物胳膊底下的投影，越靠近胳膊边缘投影越重，并且画出投影的形状。在背景图层上方新建图层，在新图层上画出床单的花纹，画花纹时不要太纠结

细节，只需要画出像参考图中类似的三角即可，需要注意的是随着布褶的起伏，图案也会有所变化，边缘不可太生硬。

②　合并花纹图层和背景图层，再用笔刷轻轻加重暗面，使暗面的花纹能自然融入，注意不要破坏形状，如图6-86所示。

图6-85　　　　　　　　　　　　　　　　　图6-86

6.5.5　人物与小狗的塑造

①　在背景图层中，右上角是被子受光面，用笔刷轻轻地提高其明度，使画面整体光影明确。塑造人物五官并且进行过渡，眼珠反光加入一些互补色，注意明度和饱和度要高，才能画出眼珠的质感，如图6-87所示。

图6-87

②　如图6-88所示，这是从左往右做的第二遍细化。画出根根分明的头发，在额头上方提出头发最受光的点，两边鬓角的头发画得飘逸一些。

图6-88

提示

头发绘制用"丝带笔刷"，高光绘制用"阴影笔刷"。

③ 如图6-89所示，再次细化小狗。吸取毛发颜色进行每一层颜色的叠加，先从边缘的颜色或者眼睛周围的毛发开始细化，不要全是浅色毛发。在鼻子、眼睛、嘴巴周围和耳窝处要加重毛发颜色。胳膊上的花纹画法与床单花纹同理，先新建图层，画出花纹后再合并图层，最后过渡投影部分。

图6-89

提示

画宠物毛发用"头发"笔刷。在绘制衣服花纹时，颜色饱和度不能过高。

④ 如图6-90所示，用"涂抹工具"轻轻过渡宠物脸部的毛发，让其产生一个空间关系。增添小细节，比如小胡子、眼睛周围的毛发衔接等。注意小狗的脸在衣服褶皱处的投影、小狗身体在床单上的投影、小狗下巴在胳膊处的投影。最后观察整幅画面的视觉中心是否明确、整体色调是否清新即可。

图6-90

第 7 章

厚涂少女插画
单人写生训练

　　所有的人物局部练习已经讲解完了，当所有重要部分组在一起就非常考验画师对画面的理解和把控程度了。学到这里不能只考虑用什么颜色，要具有发散性思维，思考怎么样才能使它更为立体，怎样通过丰富颜色来提升画面氛围，怎样拉开画面的空间关系，等等。

厚涂少女插画单人写生训练，与前面章节的人体和服饰训练相比增加了难度。除了要把控好整体造型和色调之外，还需要添加背景，突出人物。本章主要介绍少女侧面、亚洲少女、欧美少女等不同类型单人厚涂插画的表现。

7.1 厚涂少女侧面画法

找一个参考素材，如图7-1所示，整个画面呈现的光影效果强烈，人物大部分面积处在背光面。

在绘画过程中，可将画面设为冷色调。在不同角度下，人物的形体特征、结构特征都不一样，在画侧面头像时，重要的是五官轮廓线和颧骨、耳朵、后脑勺所在三个面之间的转折。将颧骨和耳朵视作两个转折骨点，在画体积时分成三个体块，这样做的好处是较容易处理亮、灰、暗面。本案例插画表现效果，以及整体画面固有色和明暗交界线转折高饱和颜色，如图7-2所示。

图7-1

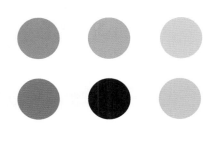

图7-2

【本案例使用笔刷】

"6B 铅笔"笔刷（绘制线稿）、"尼科滚动"笔刷（上色与细化）、"丝带笔刷"（绘制头发）、"硬气笔"笔刷（涂抹过渡），如图7-3所示。

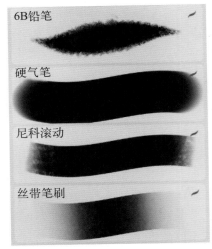

6B铅笔

硬气笔

尼科滚动

丝带笔刷

图7-3

【本案例绘制要点】

① 五官透视。画人像侧脸，同样要符合三庭比例。上庭是发际线到眉心处，由于参考图是轻微仰视的角度，所以眼睛的位置在整个头部偏上位置；中庭是眉心到鼻底处，鼻底处于下巴到眉心的中间，耳朵一般处在中庭偏上的位置；下庭是鼻底到下巴处，嘴巴处于下巴到鼻底的中间偏上位置。

② 画面绘制重点。画面处在强逆光，受光面较小，暗面的色相、明度、饱和度没有太大的区别，所以先区分背光面脸部的转折点，才好表现出背光面的体积变化。

③ 侧脸透视结构。如图7-4所示，图中看不见耳朵，颧骨为体积变化的转折点。在绘制侧面头像时，首先需要关注体积变化，然后找到五官的透视线。注意近大远小的原则，脸部的绘画也同样适用。起型时要注意显露的五官宽度（不包括鼻尖突出的部分）占整个头宽比的1/4，如图7-5所示。

眼睛透视线

骨点 颧骨形体的表现

鼻底透视线

嘴角透视线

嘴部肌肉形体的表现

图7-4

图7-5

7.1.1　绘制线稿和铺大色块

① 绘制线稿。如图7-6所示，图中人物不是正侧面方向，所以眼睛是最难画的。仔细观察五官整体轮廓线，将其概括成弧形线条，再把鼻头和嘴唇用长线连接。另外要留意右侧眼睛的眼皮以及收进去的下巴，注意这几个部位之间的前后关系。

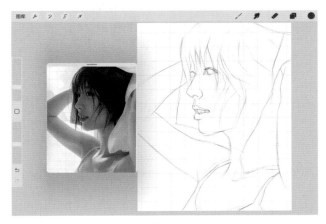

图7-6

② 整体铺色。画大逆光时虽然整体都在暗面中，但由于皮肤的透光性强，因此颜色不能画得很重，否则容易丢失质感而且易画脏，选择比正常皮肤颜色稍重一些的颜色即可，如图7-7所示。

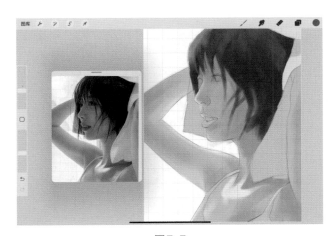

图7-7

提示

大面积铺色用"尼科滚动"笔刷，头发需画在对应的图层中。

③ 画出五官固有色。在背光的情况下五官纯度较低，偏灰色系。用黄色带出受光面强光的颜色，饱和度和明度较高。脸上的头发不需要画清晰，用块面表现成组的头发并且虚化边缘，如图7-8所示。

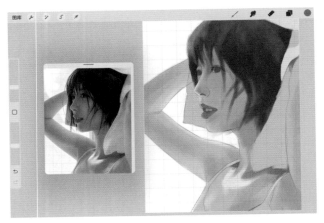

图7-8

7.1.2　整体塑造

① 塑造脸部体积。从脸的明暗交界线处到耳朵边都是在同一个背光面，颜色明度偏低。卡出头发和毛巾的交接处，毛巾和皮肤边缘连接处较重的投影也需要表达出来。除了脸部以外，身上最重的颜色为右胳膊与脖子的连接处，如图7-9所示。

图7-9

② 分析头发的体积关系。如图7-10所示，把头发分成4组："1"是受光面，颜色偏纯，明度高；"2"和"3"的明度相近，都属于灰面；"4"在背光面，饱和度较

低且明度最低。

　　③ 分析皮肤的体积关系。如图7-11所示，整体皮肤都是在背光面当中。在背光面中再次把皮肤分成4组："1"和"4"的明暗交界线是有一些反光的，所以在皮肤中整体饱和度和明度最高的位置；"2"和"4"虽然都在暗面当中，但由于皮肤透光性强，明度比"1"和"3"的偏高一些；"3"是皮肤中最暗的颜色，是头发在脸部的投影，饱和度偏低。

图7-10

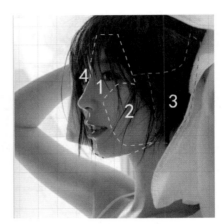

图7-11

　　④ 丰富画面的颜色。主要聚集在明暗交界线的位置，在暗部添加反光颜色时，饱和度可以稍微高一些。先新建图层，再轻扫上去，如图7-12所示。

图7-12

　　⑤ 颜色参考。受光面反光颜色参考，如图7-13所示；背光面反光颜色参考，如图7-14所示。

图7-13　　　　　　　　　　　图7-14

⑥ 绘制五官的轮廓线，将形体画得清晰。压重头发暗部，最重的点在头发与毛巾相连接的位置。远处的头发也应适当虚化，如图7-15所示。

图7-15

⑦ 五官正面或侧面都存在厚度，用纯色在受光的边缘线画出鼻梁骨和嘴唇。画牙齿不要只想着要用小笔抠细节，应先用块面类的笔刷画出牙齿和嘴唇的转折。最后再缩小笔刷画出牙缝，丰富细节，如图7-16所示。

图7-16

164

⑧ 塑造头发。受光面的头发不需要刻画太多，头发的细节塑造在脸颊处，中心点在耳朵区域，其他地方的头发体积明确即可。用"丝带笔刷"先画成组的头发，再画一根根飘逸的头发，用笔要果断，不能反复描绘，最后强调出每组头发的转折以及明暗交界线，如图7-17所示。

图7-17

⑨ 塑造顺序是先五官再头发，其次是皮肤、衣服和毛巾。脖子以下的皮肤画出体积即可，不需要太多细节。画皮肤时笔触顺着肌肉结构走，靠近光源点的皮肤，受光面边缘是最清晰的。虚化手腕，衣服和毛巾画出黑白灰即可，如图7-18所示。

图7-18

165

7.1.3 刻画细节和投影

① 加入小细节，并对细节进行深入塑造。一是对头发亮部进行细化；二是鼻子和嘴巴处，鼻头添加高饱和颜色，嘴巴画出唇纹；三是眼睛，被头发遮挡了一部分，所以不需要太过细节化，如图7-19所示。

图7-19

② 处理头发投影。先压重投影颜色，在投影里扫入环境色，如蓝色（可新建图层画投影）。在鼻梁和嘴唇的明暗交界线处画出高饱和颜色，衣服和毛巾简单概括，不用细致刻画。注意前后关系，要将所有视觉中心聚集在头部。整幅画面光线表达清晰这一点非常重要，黑、白、灰关系明了就完成了，如图7-20所示。

图7-20

7.2 亚洲少女厚涂插画表现

该如何练习配色？当我们拿到一幅参考图片时，首先要准确判断其整体画面色调，其次列出整幅画主要的固有色，如图7-21所示。

绘画中需要有直观的判断，在调色盘中找到对应的颜色，如果刚开始选不对颜色，可以先吸取参考图中的颜色，再在调色盘中稍稍提高饱和度和明度。这种方法只适用于实在配不准颜色的情况，平常尽量少用。

图7-22所示是根据"亚洲少女"这个主题创作的一幅厚涂少女插画表现效果。

图7-21 图7-22

服饰固有色如图7-23所示。皮肤和头发的固有色如图7-24所示。

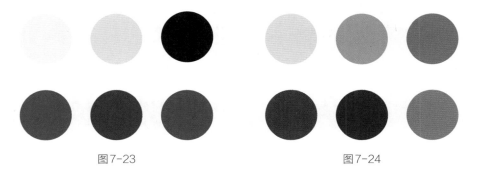

图7-23 图7-24

【本案例使用笔刷】

"6B铅笔"笔刷（绘制线稿）、"尼科滚动"笔刷（上色与细化）、"纹理笔刷"

和"头发"笔刷（绘制头发、围巾和帽子）、"硬气笔"笔刷（涂抹过渡），如图 7-25 所示。

【本案例绘制要点】

① 色彩搭配。画面整体色调偏暖，那么本案例中的绿色也不能太偏冷色，要缩小和红色帽子的对比差距，画面中红色与绿色不能饱和度过高，要使整体画面和谐。

② 画面绘制重点。人物五官的塑造，嘴巴形态比较奇特，注意嘴巴与皮肤边缘的线条不要太过僵硬。想要丰富画面，就要把围巾和帽子的质感表现出来。围巾褶皱穿插较多，通过压重投影和明暗过渡来加强体积，着重点不在花纹上。

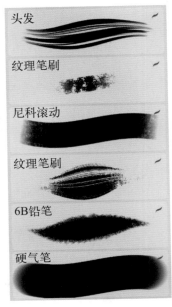

图7-25

7.2.1 绘制线稿和铺大色块

① 在"网格"的辅助下，画出整体外轮廓形状，注意围巾之间的穿插，如图 7-26 所示。

图7-26

② 取每个部分的固有色平铺画面，最好一次铺到位，不要有留白。将每个区域分成亮面和暗面，在调色盘中吸取较重的颜色，压暗每一个背光面。注意整体色调，整幅画暖色较多，在铺绿色围巾时要与红色进行呼应。绿色调取黄绿色调偏暖，调取蓝绿色调则偏冷，如图 7-27 所示。

图7-27

③ 把上色区域分成五个图层，分别命名，如图7-28所示。若要对围巾进行细化，就在围巾图层的上方新建图层，画完后选择合并即可，最好不要在原图层中进行多步操作。

图7-28

7.2.2　整体塑造

① 塑造人物面部体积感。边缘不用过多处理，把处在背光面的眼窝、嘴角、下

巴、鼻侧等地方压上重色，五官加入固有色，眉毛和头发的颜色保持一致，如图
7-29 所示。

图7-29

② 过渡皮肤块面。区分开头发的亮、暗面，在此案例中，受光面偏冷色，背光面偏暖色。丰富画面颜色，在眼睛周围和帽子的暗面加入反光，用橡皮收拾干净头发边缘线，如图7-30所示。

图7-30

③ 塑造围巾体积感。围巾的亮面偏黄绿色，暗面是蓝绿色，要使其有一定的对比。这里需要卡出帽子与头发衔接处、头发和围巾的衔接处，使之过渡自然，并且观察头发的投影形状，如图7-31所示。

图7-31

④ 塑造眼睛体积感。上眼睑处在受光面，把上眼睑的厚度和双眼皮进行对比，并且要表达出来。重色卡在眼珠和双眼皮之间，下眼睑的宽度也要表达清楚，如图7-32所示。

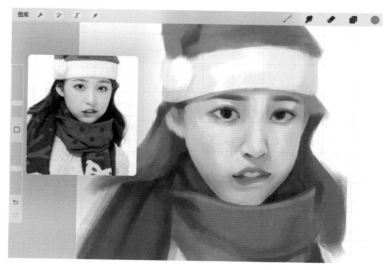

图7-32

⑤ 塑造头发暗部。通过堆积小块面，体积已经表达出来。压重耳朵后面头发的投影，突出脸部，拉开空间。因为模特面部有表情，所以嘴巴附近的皮肤也有了变化，如图 7-33 所示。

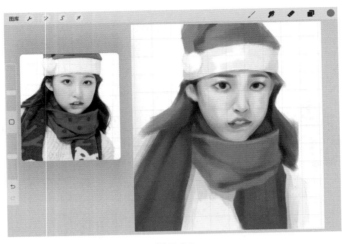

图 7-33

提示

　　五官整体饱和度最高，刻画五官细节，形状一定要明确。上眼睑处在背光面，下眼睑处在受光面，用色可以有轻微变化。牙齿和眼白的颜色相近，都不能使用纯白色。在塑造过程中要把几个重要的点卡住，比如，瞳孔与上眼睑的交接处、鼻底下的投影和嘴角，如图 7-34 所示。

图 7-34

172

7.2.3　整体细化

① 细化五官。如图7-35所示，面对图中模特两只眼睛大小差异较大的情况，要有所调整和美化，在调整中注意眼睛和眼影的范围。仔细观察图片鼻子底部的投影，越靠近光源，明暗交界线就越清晰，因此要强调鼻底投影近实远虚的关系。在打好体积的基础上，提高饱和度。调小笔刷（使用"丝带笔刷"），画出一根根的头发，长短也要有所变化。

图7-35

② 细化围巾。清晰围巾边缘轮廓，注意围巾之间的叠加关系，画出暗部投影。画布褶的方法是先压重转折处，再慢慢向灰面过渡，最后进行涂抹，如图7-36所示。

图7-36

③ 新建图层画围巾花纹。由于布褶的叠加，围巾有受光面和背光面的区分。锁住花纹图层，顺着布褶皱的变化调整花纹颜色，背光面的花纹颜色明度偏低，受光面的花纹颜色保持不变，如图7-37所示。

图7-37

提示

画花纹可使用肌理感较强的"纹理笔刷"。

④ 锁定花纹图层，绘制环境色。在红色中加入绿色，花纹的饱和度不能高于五官。画帽子时吸取边缘颜色画出边缘的白毛，笔触随意摆动，画面会更松动一些，如图7-38所示。

图7-38

提示

画围巾花纹可以使用"纹理笔刷"，画帽子上的白毛用"头发"笔刷。

⑤ 调整画面虚实关系。前面步骤大都是画局部，因此应在画完细节后看整体画面的大关系是否明确，细节和空间关系是否处理好，这都是非常重要的，如图7-39所示。

图7-39

7.3 欧美少女厚涂插画表现

找一个参考素材，如图7-40所示，图片属于人造光线拍摄，投影形状较为明显。

图7-40

画欧美女生时，五官的表达是最主要的，需要五官立体、投影明确、明暗交界线清晰。画这类图时不要抠细节，要把光线照射的感觉表达出来。本案例的绘制效果，以及整幅画面配色参考，如图7-41所示。

图7-41

【本案例使用笔刷】

"6B铅笔"笔刷（绘制线稿）、"硬气笔"笔刷（涂抹过渡）、"尼科滚动"笔刷（细化脸部）、"阴影笔刷"和"头发"笔刷（绘制帽子）"铺色笔刷"（添加肌理或背景）、"丝带笔刷"（细化毛发），如图7-42所示。

图7-42

【本案例绘制要点】

① 光影效果的处理。本案例光影较强，最为明确的投影形状有鼻子左侧、眼窝、帽子与脸部衔接，这几个投影部分并不能直接使用黑色，可以使投影的色相偏冷，用冷暖关系来表现。

② 画面绘制重点。欧美人物五官是比较容易刻画的，再加上光影效果强烈，所以五官的立体感很强。整个画面想要抓住人的眼球，就一定要将着重点放在五官的塑造上。

7.3.1 绘制线稿和铺大色块

① 大概起出轮廓型，如图7-43所示。可以

用"网格起型法",也可以用"延长线起型法",确定明暗交界线的位置。

图7-43

② 用"尼科滚动"笔刷铺大色块。将每个物体分成两个色块,分出亮暗面。注意头发、脸、帽子的色相变化,通过压重头发的交界线,把每一个固有色区分开,如图7-44所示。帽子和背景偏冷色调,皮肤和头发呈现暖色调,为了让画面柔和,后面丰富颜色时要往脸部和头发的暗面添加冷色。

图7-44

Tips 提示

皮肤选色,如图7-45所示;头发选色,如图7-46所示;帽子背景选色,如图7-47所示。

图7-45

图7-46

图7-47

7.3.2　整体塑造

① 一般来说铺完大色块后就要丰富画面颜色，给画面添加灵动感。人的皮肤通过光的照射会呈现很多种颜色变化，但不容易被肉眼察觉到。给五官添加颜色时，暗面用蓝紫色，亮面用橘黄色。画出帽子在脸部的投影的大概形状，边缘部分先不用修改，如图7-48所示。

图7-48

② 在原有的投影中加入互补色，投影颜色偏咖啡色，可加入一点蓝紫色。两个眼睛分别处在背光面和受光面，明暗关系要表现得强烈一些。当左边眼睛整体压至比较重时，就可以进行涂抹，使暗面稍显柔和，如图7-49所示。

图7-49

③ 加入帽子投影后先涂抹整体画面，再涂抹边缘部分，如图7-50所示。涂抹帽子边缘时用画动物毛发一样的手法往外破形，画出边缘的毛茸感。顺着肌肉走势过渡五官，鼻子一定要过渡自然，但在涂抹的过程中不要模糊掉鼻子与投影的边缘线，在皮肤图层的上方完成涂抹。新建图层后，进行第一遍细化。

提示

涂抹用"阴影笔刷"或"头发"笔刷都可以。

图7-50

④ 观察背光面的眼睛，如图7-51所示。欧美人的鼻梁偏高且眼窝深，所以整只眼睛处在暗面，只有眼珠突起的地方和眉弓骨受到一点光。画出眼珠上的投影形状，眼球的体积感就表达出来了，然后再次压重眼睛暗面。这里需要注意的是不同的双眼皮过渡是不一样的，比如"较肿"的双眼皮过渡时是朝上过渡，眼窝较深的则是向下过渡。

图7-51

⑤ 右边眼睛的明暗交界线不是很明显，表现出睫毛在眼珠中的投影。如图7-52所示，右眼靠近眼角的双眼皮朝下过渡，而眼尾的双眼皮朝上过渡，突出的眉弓骨带出厚度，并且在灰面处加入较纯的颜色，提高画面的饱和度。

图7-52

7.3.3　整体细化

① 细化左边眼睛。如图7-53所示，图中模特睫毛较短，上睫毛浓密，下睫毛稀疏，这一步需要进一步深入刻画睫毛与眉毛。与此同时，点出高光，画出眼珠的体积，可以多次使用"涂抹工具"，一定要画出眼球的质感。加重转折最为明显的地方，突出双眼皮，虚化边缘。

图7-53

② 细化右边眼睛。用色既要提高明度也要提高饱和度。在双眼皮和眼角处加入纯色，右眼球整体颜色要比左眼球明度高一些，注意双眼皮的重色过渡，如图7-54所示。

图7-54

③ 细化鼻子和嘴巴。由于强光照射，鼻孔颜色也有所变化。受光面鼻孔饱和度高，偏红色相，而背光面的鼻孔饱和度低，背光面的鼻翼轮廓用投影压出形状。刻画嘴巴比较简单，吸取原有的嘴唇重色画出唇纹线，再吸取亮面颜色，在重色线旁边画上几道唇纹来表示转折，最后提出高光，如图7-55所示。

图7-55

④ 细化头发。如图7-56所示，四周压重色，突出额前的头发，做出体积，并且表现出头发分组和亮面。最后顺着头发的穿插关系，画出头发高光的细节，注意不能用白色。靠近两鬓的头发丝可稍微弱化，额头前方的头发丝要分轻重。在皮肤图层中画出头发在皮肤上的投影边缘，不要卡得太实，最后区分开投影的颜色和头发颜色。

图7-56

 提示

　　先用"丝带笔刷"，再用"阴影笔刷"，刻画每一块面时都要新建图层。头发亮面、灰面、暗面颜色变化参考如图7-57所示。

图7-57

⑤ 细化帽子。用"涂抹工具"破开边缘，参考图中帽子边缘的毛有长有短。再用"头发"笔刷画出暗面的毛，大都处在帽子边缘，面积占比不大，要有疏松感，如图7-58所示。

⑥ 提高帽子灰面的明度，使其面积比暗面大。画的时候笔触放松，但不要全部覆盖住之前画的暗部，要在缝隙中穿插，如图7-59所示。

图7-58　　　　　　　　　　　　　　　　　　图7-59

⑦ 吸取亮面颜色，在灰面上叠加毛发，最少叠加三层，如果叠加三层体积感仍没有做起来，可再叠加一层，如图7-60所示。

⑧ 参考图中帽子上有一些黑色的小线段，调小"阴影笔刷"，画出重色线段。画深色线条时要干脆利落，不可反复描绘，笔触放松，大胆作画，如图7-61所示。

图7-60　　　　　　　　　　　　　　　　　　图7-61

提示

注意叠加时要能清晰看出层次感，画下一层时不要把上一层全部覆盖。

⑨ 处理投影的形状。在投影里添加环境色，用"硬气笔"笔刷在背景色上扫出亮暗面。画羽绒服领口时，用之前介绍的布褶画法简单画出即可。压重帽子在脸部

的投影，区分开帽子、头发、皮肤之间的关系，最后处理整体画面氛围。整体画面偏灰白，只有面部和头发有色相，是视觉中心点，因此这两个部位要和周围形成鲜明的对比，如图7-62所示。

图7-62

提示

　　画背景亮暗面时，先把背景颜色选出，在背景图层上方新建图层去画受光和背光。

第 8 章

厚涂虚拟人物
插画创作训练

虚拟人物商用图片的创作，可以运用之前所学的所有知识，主要概括为以下4点。

① 从人物脸部整体轮廓、三庭五眼、表情等方面来表现出人物的年龄和性格。

② 模特脸部动态和朝向会改变五官的大形态、脸部轮廓以及脖子角度。头部外形能表现出一些重要骨点的转折，以及内部各骨点之间的对称关系。

③ 采用不同线条对事物进行描绘，合理运用不同类型的线条。

④ 分析人物五官、衣领、肩膀等点位，以及其透视关系。

8.1 可爱少女厚涂插画创作

绘图之前考虑好画面中头部所占比例，比如头顶与画布边缘的距离、两侧头发离画布的距离等。和照片写生的画法相同，用线段表示出头部的最高点和最低点、左右两边脸的宽度和肩膀的位置。本案例可爱少女厚涂插画创作效果和整体配色方案如图8-1所示。

图8-1

【本案例使用笔刷】

"6B铅笔"笔刷和"阴影笔刷"（绘制线稿）、"硬气笔"笔刷（铺大色和涂抹）、"尼科滚动"笔刷（细分色块）、"细化笔刷"（细节刻画）、"铺色笔刷"（背景肌理），如图8-2所示。

【本案例绘制要点】

① 可爱少女的表现。可爱少女不会太瘦，有点肉嘟嘟的，背景颜色梦幻，整个画面色调为暖色，给人一种阳光的感觉。

② 配饰与背景。配饰中，头饰选用的是兔子耳朵，更能增添可爱特点，为了与头发颜色好做区分，且整幅画面为暖色调，所以头饰颜色选用白黄。项链选择跨度较大的金属质感项链，兔子吊坠，颜色和形状与头饰相呼应。首饰复杂多样，背景就要相

图8-2

186

对简易一些，颜色可以丰富但明度不宜过高，肌理不能太明显。

③ 设计要点。注意整幅画面的空间和主次关系，细节刻画的着重点不在于首饰，视觉中心在人物脸部。强调出头发、脸部、脖子三者之间的投影，整幅画面要冷暖呼应。

8.1.1 绘制线稿

① 确定大型。找出外轮廓，主要是头部和肩颈的轮廓，画出脸部、发型的大概形状，再来定五官的位置。眼睛在头部1/2处，鼻底在眼睛到下巴1/2处偏上一点的位置，嘴巴在下巴到鼻底1/2处偏上一点的位置，如图8-3所示。注意透视不同也会产生偏差。

② 在定好大型和透视线的基础上，单只眼睛的宽度和内眼距相同，外眼角到脸部边缘的宽度为眼睛的1/2左右，鼻头宽度与内眼距相等，如图8-4所示。头发和脸部是整个头部重要表现内容，因此要时刻注意两者的形态和透视关系。

图8-3   图8-4

 提示

　　线稿用"阴影笔刷"（原定参数）完成，以上两步均在"草稿1"中绘制。

8.1.2　铺大色块

① 铺色时要注意明暗关系。把固有色分开，纯度不宜过高，颜色简单，不用跨度太大的颜色，但要看出明显色相，将颜色铺满画面。建立不同的图层作画，例如橙色画在"头发1"图层。

第一遍铺色相对简单，用平涂法，不要有留白。铺完固有色之后，将亮、暗面区分开，笔触按结构走。要求快速、准确地捕捉画面的大色彩关系，在把握模特生动神态的同时，只需区分亮、暗部，颜色数量不用太多，2～3个即可，如图8-5所示。

图8-5

 提示

　　提前观察画面的冷暖关系，例如本案例为暖色调。在软件自带的笔刷中选择"尼科滚动"笔刷。

② 每个部分都区分好基本的明暗关系后，给五官涂上固有色，注意边缘要整洁，不要破坏原有的形状。画出上眼睑厚度，瞳孔颜色不要用黑色，嘴巴上唇颜色比下唇颜色深，嘴角处往两边轻轻扫上颜色，表现出口轮匝肌，如图8-6所示。这一步不需要涂很多颜色，主要目的是区分亮暗面。头发和配饰固有色，如图8-7所示。

图8-6

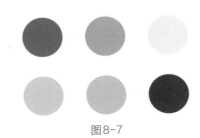

图8-7

 提示

　　使用软件自带笔刷中的"尼科滚动"笔刷。

③ 如图8-8所示，将亮暗面过渡自然，选择"硬气笔"笔刷来涂抹，将笔刷调小，只涂抹明暗交界线的位置，表现出暗部的形状。在涂抹的过程中，笔触方向与肌肉形状保持一致，如若感觉不好控制可将"涂抹工具"的透明度降低。

图8-8

8.1.3　统一光影丰富颜色

① 涂抹完后加重暗部，取色时吸取原有颜色，在眼影、头发亮部、嘴巴、头发亮暗部等处丰富颜色。暗部用冷色，亮部用暖色，如图8-9所示。调大笔刷，若控制不好可以将透明度降低。

图8-9

亮部环境色，如图8-10所示；暗部环境色，如图8-11所示。

图8-10   图8-11

② 五官颜色最为丰富，在不破坏形体和色相的情况下应大胆加色。画头发时把笔刷调小，吸取暗部颜色画出头发的过渡，同时在亮部画出笔触，细分头发分组。脸的亮部加入红色腮红，加重侧面阴影，将面部整体化，如图8-12所示。五官颜色，如图8-13所示。

图8-12   图8-13

 提示

以上步骤使用"尼科滚动"笔刷。注意创作厚涂人像的塑造重点依然是人物五官，衣服和头饰在最后环节再进行调整。

8.1.4 细化头饰

在塑造细节之前，压重头饰和衣服的暗面，增加体积感，加入环境色。压重发箍下的投影，要有强弱对比。再使用"上漆"中的"旧画笔工具"，吸取亮暗部颜色，破开人物与背景的边缘，画出发饰和衣服的质感，注意不要破坏亮暗面。

新建图层添加高光，可以找一些参考图，使用偏白的高光颜色，而不是纯白。观察整体画面，兔子耳朵与衣服略显轻薄，需要加重暗面，注意锁定图层。头饰可以添加点细微的变化，在画上眼皮和卧蚕时，将"阴影笔刷"调小，用浅亮色点出高光，将脖子下方的投影整体化，如图8-14所示。

图8-14

 提示

新建"头发2"图层。细化头饰和衣服时，使用"细化笔刷"或是"尼科滚动"笔刷，将图层"衣服1"和图层"头饰1"锁定（按住图层双指向右边滑动）。

8.1.5　五官与皮肤的衔接

细化鼻子与嘴巴，压重鼻子和嘴巴暗部。嘴角颜色最深，这里需要注意的是口轮匝肌的处理，上嘴唇是背光面所以颜色较深，下嘴唇为受光面颜色丰富。画鼻子与嘴巴时注意嘴巴中线轮廓不能太清晰，能表现出嘴巴动势即可，把握好整体空间变化和皮肤塑造，且与面部衔接，不能只画鼻子和嘴巴，最后用淡黄色提出高光。

用"涂抹工具"将粗糙笔触变柔和，皮肤与头发衔接处吸取头发暗部颜色涂抹，画出头发在皮肤上的投影来增加体积感，可在投影中加入蓝紫色以降低饱和度，处理好虚实关系。这一步需要观察面部整体是否协调，依旧是非常明确的几个面，如图8-15所示。

图8-15

8.1.6 绘制项链

画个简单的项链，新建图层为"项链1"。这种小物件看似复杂，但其实只需要4步便可完成，如图8-16所示。金属质感项链选色，如图8-17所示。

① 用土色平铺，画出项链的形状，如果控制不好，可以新建图层先勾形。

② 用深色画出暗面，增加其厚度。

③ 涂抹使其过渡均匀，再用亮黄色提出高光。

④ 新建图层，画出项链的投影。投影是有起伏的，跟着项链边缘形状的转折和锁骨结构走。

图8-16

图8-17

 提示

用"阴影笔刷"即可。

8.1.7 绘制背景

在"背景"图层上方新建图层，创建"背景2"图层。给背景添加肌理感，让其更加和谐自然。本案例因为人物整体色调偏暖色，那背景就要选择偏冷色调的颜色来进行互补，并且饱和度不能高于主体，所以添加颜色时使用纯度较低的颜色轻轻扫入即可。一定要代入人物整体色调的颜色，例如本案例色调偏红，背景底色为冷色，那么就要扫入红色色相的颜色。切记背景颜色不要太多，笔触不要太硬，要将其虚化，如图8-18所示。

 提示

　　使用"铺色笔刷"，将笔刷调大，透明度设为30%。

图8-18

8.2　气质少女厚涂插画创作

　　凭空想象人物很难，之前的教程是照着参考图作画，但其实绘画很多时候需要创作灵感。我们可以选择一些素材进行拼凑，再根据自己的想法与设计进行改编，这样比直接去创作要更为容易一些。图8-19是本案例气质少女厚涂插画创作效果和整体配色方案。

图8-19

【本案例使用笔刷】

"6B铅笔"笔刷和"阴影笔刷"（绘制线稿）、"硬气笔"笔刷（铺大色和涂抹）、"尼科滚动"笔刷（细分色块）、"细化笔刷"（细节刻画）、"铺色笔刷"（背景肌理），如图8-20所示。

【本案例绘制要点】

① 气质女生的表现。"气质女生"不会有太浓的妆容，头发自然散落，首饰较为简洁，模特整体脸型偏小，服装也是简单大气的礼服装。

② 画面绘图要点。画之前对画面要有一定的构思，提前确定好整幅画面的色调与光影最为重要。本案例整体色调为冷色调，为了冷暖呼应，在眼影部分与口红部分加入了一些暖色调，在加入对比色时面积不宜过大。整幅画面光影统一，光线是从正前方偏右侧照射，注意头发和脖子的投影变化。

图8-20

8.2.1 绘制草图

① 画出外轮廓带出结构线，用线要有轻重变化，重的结构线一般用在转折处，更容易体现人的骨骼结构感。确定明暗交界线的位置，在后期会更加容易上色。完成线稿后，把图层透明度降至30%，如图8-21所示。

图8-21

 提示

　　在"草图2"图层中完成，都使用"阴影笔刷"（原定参数）。

② 新建"头发"图层、"皮肤"图层、"服装和耳环"图层。大面积铺色，用色方面皮肤饱和度不要太高，用中间色，如肉色、粉色等。气质女生的头发颜色单一，头发原本的颜色偏深棕，不可使用黑色。耳环的颜色选用低调的淡黄色，衣服选择白色礼服，如图8-22所示。这些配色也是可以自己去选择的，只要整体画面和谐就可以。头发和配饰固有色，如图8-23所示。

图8-22

图8-23

提示

最为重要的是要清楚整幅画面需要呈现什么色调（本案例偏冷色）。

③ 如图8-24所示，再强调一次皮肤重色的选色方法。选择皮肤重色，在皮肤底色的基础上将色相值从28°调至22°，饱和度从14%调至16%，明度从99%调至94%。如图8-25和图8-26所示。

图8-24

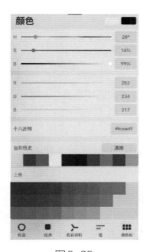

图8-25

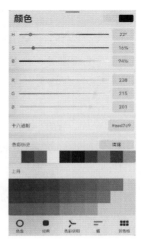

图8-26

8.2.2 塑造五官体积

① 添加五官的固有色。眉毛的颜色一般与头发类似，直接吸取头发颜色，加上眼线和眉毛。眼珠先用重色把边缘形状画出，眼影、腮红以及口红的颜色可选择肉橘色，会更为自然一些。再加重耳蜗，使整个耳朵有亮、暗面的变化关系，如图8-27所示。五官固有色，如图8-28所示。

图8-27

图8-28

② 加强五官体积关系。新建图层画出高光，确定眼神方向。再画出脸的转折。从耳朵到颧骨的面部区域是脸部颜色最重的地方；颧骨到鼻侧是皮肤中的受光区域，用色明度较高；从鼻侧到鼻梁骨属于亮灰面；最后就是鼻梁骨，最为突出的地方是明度最高的受光点。嘴角的灰面与颧骨相连成一个小面，再加重五官中的眼珠、眼线、鼻底和嘴角这几个点，并且要观察整体形状，如若不自然可以使用液化工具拖拽调整。画大正脸时不一定要左右对称，只要左右两边看起来舒服协调即可，如图8-29所示。

图8-29

 提示

　　画五官时可以新建图层，也可在"皮肤"图层中完成。"细化笔刷"和"尼科滚动"笔刷都可以使用。

　　③ 绘制眼睛、睫毛和眉毛。这里需要注意的是睫毛方向的变化。画睫毛时一定要新建图层再去作画，方便后期在睫毛底部加入双眼皮的细节和改动卧蚕，如图8-30所示。

　　上睫毛偏长，下睫毛偏短。眉毛最重的颜色在眉中部分，眉头与眉尾要自然过渡和虚化，保留完整的形状。头发用稍微亮一点的颜色画出受光块面即可，如图8-31所示。

图8-30

图8-31

8.2.3 塑造头发

塑造头发，新建图层"头发2"。前期已经将头发分好组，使用"阴影笔刷"描绘，将笔刷调大，吸取中间色，朝暗面破形，但不能破坏分组。暗部头发不需要过多刻画，主要刻画受光面，并弱化暗面的黑白灰关系，如图8-32所示。

图8-32

 提示

在细化时，一定要在对应的图层上方新建图层再作画，画完之后觉得不用修改该图层后再进行合并。

8.2.4 细化五官

细化眼睛。眼睛颜色最重的地方是眼珠和上眼睑的连接处，颜色偏深，但不是黑色，要将眼珠的边缘与眼白部分衔接好。过渡眼白部分时加入环境色，使眼白不会太抢眼。压重双眼皮和卧蚕最深的转折处，使眼皮颜色较为丰富，用"涂抹工具"将眼尾、眉心和下嘴唇的边缘虚化。画出耳环和服装的亮暗关系，再加入一些纯色简单表达即可，如图8-33所示。

新建图层，用"阴影笔刷"画睫毛，一般要画两层。第一层吸取上眼睑的颜色打底，需将笔刷调大一些；第二层吸取头发的深色，画出根状睫毛，把睫毛分组，2～3根为一组，每组睫毛的动向、长短不要太相似，如图8-34所示。

图8-33

图8-34

8.2.5　处理画面的黑白灰关系

当完成整幅画后不知道黑白灰面是否有画明确时，可以将绘图以"JPEG"的格式导出至相册中，再新建画布把图片导入，点击图层中"N"调节"明度"，变成黑白稿，再来观察整体画面并且观察一下虚实变化的处理，觉得没有什么问题再将图片还原就完成了，如图8-35所示。

图8-35

 提示

掌握好正确的绘画步骤，能够让绘画更加轻松。观察整幅画面的虚实，需要画实（重色）强调出的地方有5个：① 黑眼珠与上眼睑；② 鼻孔和鼻翼与皮肤衔接处；③ 嘴角；④ 耳朵下方与头发衔接处；⑤ 下巴与脖子衔接处。

8.3 温柔少女厚涂插画创作

当我们创作温柔类女生插画时，整个画面色调偏柔和，增添氛围感，黑白灰对比不需要太强烈。人物整体动态自然，头部微微倾斜不要太板正。也可以借鉴很多古典风格的配饰，或是古典美人的妩媚与温柔的动势，以及眼神等。本案例温柔少女厚涂插画创作效果和整体配色方案，如图8-36所示。

图8-36

【本案例使用笔刷】

"6B铅笔"笔刷（绘制线稿）、"朦胧2"笔刷（画背景雪花）、"阴影笔刷"（画小细节）、"硬气笔"笔刷（铺大色和涂抹）、"尼科滚动"笔刷（细分色块）、"细化笔刷"（皮肤过渡）、"铺色笔刷"（背景肌理）、"纹理笔刷"（画围巾和衣服）"丝带笔刷"（画头发），如图8-37所示。

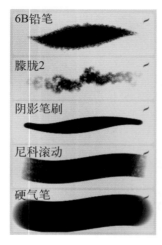
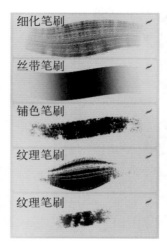

图8-37

【本案例绘制要点】

① 温柔女生特征。发型不用太花哨，五官大气，妆容偏淡，围巾和衣服的颜色为冷色。

② 画面绘制要点。本案例中层次较多，处理好头发、围巾、帽子、衣服四者之间的关系，通过不同色相和明度区分开。围巾的肌理不要过于明显，注意整体画面的色彩搭配，颜色不要太脏，例如图中最重的两个颜色是头发和衣服，往里面丰富环境色时就不能够使用明度过高的颜色。

8.3.1　绘制草图

如果画的是四分之三偏侧的图时，如图8-38所示，就要注意五官透视关系和近大远小的原则，还需要多观察日常生活中我们戴围巾时的穿插关系和褶皱变化。

图8-38

 提示

　　草稿一般画2～3遍，因为是自主设计，形体还是非常重要的，建立不同的图层来描绘更方便修改，如图8-39所示。

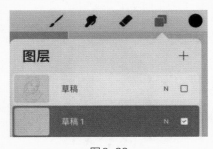

图8-39

8.3.2　色块表达体积

① 选固有色时，整个色调纯度偏低偏冷。头发选用深棕色，颜色再深的头发也不能使用黑色。皮肤受光面偏黄，暗面偏红，冷暖要有变化，如图8-40所示。围巾和衣服可以设定自己喜欢的颜色，整体色调和谐统一即可。整体画面固有色，如图8-41所示。

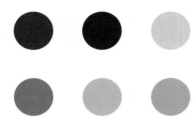

图8-40   图8-41

 提示

　　使用"尼科滚动"笔刷、"硬气笔"笔刷、"铺色笔刷"都可以，只要笔刷大小合适，带点肌理的笔刷也是可以的。

　　② 用色块过渡脸部，最多分为五个灰面。加强头发和围巾的体积关系，压重脖子与脸部暗面的连接处，把人物的左边头发到衣服的暗面规划在同一个整体当中。左边脸部也有部分处在暗面当中，只是面积相对较小。脸部中需要加重的是眼窝、鼻底、嘴角、下颌骨等处，但它们的颜色明度不会低于背光面的颜色明度。要始终保持画面统一，体积关系表达明确，如图8-42所示。

图8-42

 提示

　　笔刷使用"尼科滚动"笔刷、"细化笔刷"，并在对应的图层绘制。

8.3.3　五官铺色

① 添加五官固有色。眼睛、鼻头、嘴巴的饱和度最高。自然过渡脸部体积结构，拉开两个眼窝的前后关系，加重耳朵旁边头发暗部，加强围巾的明暗关系。使用"涂抹工具"，将皮肤处的笔触、头发亮暗面、耳朵的体积、围巾的亮暗面进行过渡，如图8-43所示。

② 皮肤的受光面和背光面的块面，如图8-44所示。红色区域为受光面，蓝色区域为灰面，其他区域为暗面。

图8-43　　　　　　　　　　　　　　　图8-44

③ 塑造头发亮暗面，将受光面的头发再进行细分，虚化头发边缘，压重耳朵周围的头发。收干净脸部五官的边缘线，画出睫毛和眉毛的线条，选用下垂睫毛这一睫毛类型，温柔女生不需要太卷翘的睫毛。卧蚕偏厚，瞳孔颜色偏浅，加入反光的颜色使眼珠透亮，达到冷暖均衡的效果。鼻孔用红棕色带出，加重两个嘴角，把嘴巴清晰化，如图8-45所示。眼睛反光色，如图8-46所示。

图8-45　　　　　　　　　　　　　　　图8-46

提示

　　调小"阴影笔刷",降低透明度,再轻扫上去。也可适当地用一点绿色来形成互补色。

8.3.4　调整局部形态

　　① 五官铺色的过程变动较大,作画过程中要随时观察图片,如果画出的形态和自己所想有偏差,要立即做出调整。细化眼睛和睫毛,注意睫毛下垂时会给眼睛带来投影,因此不要整个眼白都是亮的,如图8-47所示。画头发使用"丝带笔刷",如图8-48所示。画出额前碎发,再画出头发的层次,在原有两组的情况下再进行细分,最后观察整个头型是否饱满。

图8-47

图8-48

 提示

　　使用"丝带笔刷",笔尖方向不同,则线条粗细不同,垂直作画时笔刷是最细的状态,这时不好画出块面状头发。因此在使用这个笔刷时,斜着画出来的线条会比较好看。

　　② 整个围巾的形状不够美观,修改围巾边缘,如果没有头绪可以搜索围巾的参考图,修改完后加强叠加关系。区分亮暗面,受光面偏冷,暗部偏暖,可以稍微带点红色。这时会发现围巾和衣服的颜色有点拉不开,我们可以直接改变衣服固有色,再加上毛领,这样更有层次感,如图8-49所示。着装配色参考,如图8-50所示。

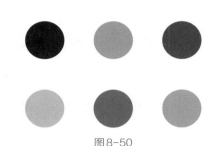

图8-49

图8-50

Tips 提示

　　使用带有肌理感的笔刷即可。

8.3.5　增强画面氛围

　　用"涂抹工具"擦除毛领的边缘。毛领分为三层，所以每层的边缘都要涂抹，并且不可以覆盖掉下层的颜色。可以使用"涂抹工具"对靠近头发边缘的围巾进行虚化处理，也可吸取周边颜色进行过渡，这样围巾才会显现空间感。可能这时会发现围巾越画越脏，但这一步不需要对其进行处理，只要表达出体积关系即可。最后加入背景雪花的肌理，当然背景也要分亮暗，受光面的雪花偏明显，背光面则较弱，如图8-51所示。

图8-51

Tips 提示

　　画围巾褶皱时，方向不要统一，要有变化，这样才不会显得很生硬。背景使用"皮肤"笔刷绘画，要先在背景图层上方新建图层再开始作画。

8.3.6 刻画围巾

① 很多时候添加的围巾肌理生硬又死板，在这里作者给大家介绍一个简单实用的小方法。新建图层，自由选取颜色，这里画的是线条形的肌理，每根线的边缘不用卡得很实，可以自由发挥，但要根据之前画好的围巾褶皱的起伏而有所变化，如图8-52所示。

图8-52

② 将"肌理"图层透明度降低，和"围巾"图层合并。再吸取围巾暗面颜色，轻轻扫在肌理上方，要使该肌理若隐若现，不可完全覆盖。在灰面加入饱和度较高的颜色（切记饱和度不可高于面部），最后在转折褶皱最明显的位置加入重色，突出层次关系，越往围巾两边，颜色的纯度和明度就越低，如图8-53所示。

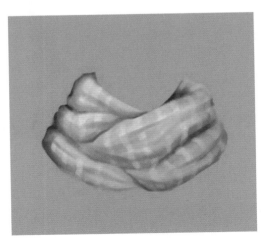

图8-53

8.3.7　刻画眼睛

① 塑造眼睛时，当睫毛下垂并且处在受光面上，那么可以直接用明度偏高的颜色拉开睫毛与眼珠的关系。如果想采用深色睫毛也可以，这时睫毛和眼球的颜色较为相近，一定要把睫毛和眼球区分开，如图8-54所示。头发边缘描绘一些碎发使之更自然，接触到脸颊的头发可以稍稍加重一些，并且添加上投影。因为处在暗部，耳朵虚化不需要过多的细节，把耳朵统一在暗部即可，如图8-55所示。

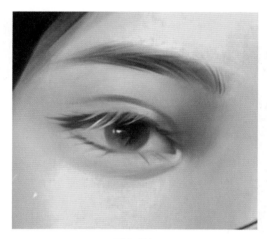

图8-54

图8-55

② 在上一步的基础上，从五官开始进行细化，如图8-56所示。需要注意的有两点：第一点是五官前后关系和虚实变化，右边的眼睛、鼻孔以及右边的嘴角都可以弱化，最后一遍塑造时要分清楚主次；第二点是注意五官和皮肤是否衔接自然。

图8-56

 提示

　　有很多新手容易把人物头发画成"假发"质感，其实是缺少了对颜色的把控。头发的阴影表达也是塑造质感的重要部分。

8.3.8 丰富画面细节

加入一些小细节，比如眼皮上的亮色点缀、眉毛的线条、嘴唇的唇纹等。详细描绘一下飘落在脸上的头发及它们的投影。调整背景画面饱和度，可以稍亮一些。在头发和脸部画一些清晰的雪花，既能给雪花做出空间关系，又能烘托整体氛围，如图8-57所示。

图 8-57

8.4 酷飒少女厚涂插画创作

酷飒少女给人一种冷酷的机械风格，所以整体画面为灰色调，打造街头感与新奇感，服装简单，没有很多层次，胸前为字母花纹，整体偏休闲风格，如果是创意类插画可以更夸张化，比如使用朋克风格。本案例酷飒少女厚涂插画创作效果和整体配色方案，如图8-58所示。

图8-58

【本案例使用笔刷】

"6B铅笔"笔刷（绘制线稿）、"朦胧2"笔刷（衣服肌理）、"阴影笔刷"（画小细节）、"硬气笔"笔刷（铺大色和涂抹）、"尼科滚动"笔刷（细分色块）、"皮肤纹理"（画雀斑）、"纹理笔刷"（衣服肌理），如图8-59所示。

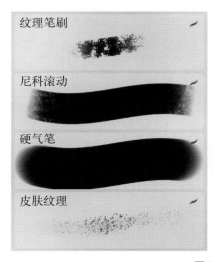
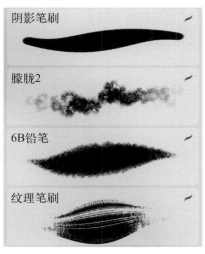

图8-59

【本案例绘制要点】

① 酷飒少女的表现。酷飒少女的发色可以是潮流发色，但最好在冷色系中选

择，妆容偏浓，眼尾呈上挑状，狐狸眼或者单眼皮，耳饰夸张，服装简易。

　　② 画面绘制重点。头发花哨，脸部妆容较浓，衣服肌理较多，这时背景直接选用一个纯色会显得画面干净，有层次。注意头发的前后关系，前短后长。整幅画面最重要的就是光影效果，统一光线，光影较强时要把明暗交界线的强弱变化展现出来。五官的塑造大部分在右侧脸的部分，强调画面的视觉中心。

8.4.1　绘制草稿

　　确定头宽比例以及头部在画中所占位置。确定好发际线的宽度和五官整体透视关系，观察头肩比是否合理，如图8-60所示。画之前心里就要设计好整个头部的动态，以及人物的眼神方向。

　提示

　　　应规范使用图层，在每个图层上画相应的色块。这里建立四个新图层，如图8-61所示。

图8-60

图8-61

8.4.2　画面配色

　　① 打好完整形体后，在皮肤图层中画出亮、暗、灰面。如图8-62所示，画强光时，如光从正右边打来，那么脸部的亮面在太阳穴、颧骨、咬肌的位置，而灰面是在鼻梁右侧、口轮匝肌、下巴中间。以左边眉弓、鼻翼侧影、人中为分界线，左边全为暗部，在背光面中提出灰面，压重头发在脸上的投影。皮肤用色，如图8-63所示。

图8-62

图8-63

 提示

　　在受光的情况下，一般来说，皮肤亮部颜色偏黄色，暗部颜色偏紫红色。

　　② 添加头发固有色，亮面使用亮灰偏蓝色，暗面饱和度更低。因为给女生设计的头发是前短后长，所以前面的头发在背光面时也有部分受光，但不能比右边受光面的明度高，需拉开两边层次关系。衣服先不处理，后期根据头发的颜色再来决定服装颜色，如图8-64所示。头发选色，如图8-65所示。

图8-64

图8-65

 提示

　　前期使用的是"尼科滚动"笔刷，肌理感较强，想要画出柔和效果用"硬气笔"笔刷更好。

③ 一般在头发、皮肤、衣服中区分四个以上的体块时，就可以开始添加各个块面五官的固有色。妆容偏浓，因此直接用深棕色画眼线，眉毛与头发的颜色类似，注意不要一开始就把眉毛颜色画得很重。在皮肤灰面和亮面的明暗交界线处加入纯色，因为画面中红色系多，这里选取黄色过渡即可。压重脖子下方投影，拉开脖子和下巴的前后空间关系。最后进行涂抹，柔化边缘，使五官不要显得太生硬，如图8-66所示。明暗交界线处的高饱和颜色如图8-67所示。

图8-66

图8-67

8.4.3 塑造人物体积

① 塑造五官体积，画出浓浓的睫毛，要有张力，落笔干脆，不要画得随意而凌乱。点出高光确定眼神方向，加重鼻孔、嘴角的暗色，耳环轻微描绘即可，但要体现出体积变化。再次过渡皮肤亮暗面，将暗面整体化，可以添加一些反光色，轻扫上去时不要改变原来的色相，如图8-68所示。皮肤暗面反光色，如图8-69所示。

图8-68

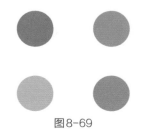

图8-69

提示

反光色颜色明度适中，但饱和度可以偏高一些。

② 画头发时调小笔刷，吸取亮部颜色，破开中间色的形状。画根状头发丝时笔触随意一些，吸取边缘颜色，把头发边缘形状破开，或使用橡皮轻擦边缘，使其虚化。再画出几根随意的线条，使画面更生动，直到最后细化完也能看出头发的分组、亮暗面的转变和过渡，这是非常关键的。

整体妆容和头发偏暗黑，白色的服装会显得格外不协调，但又想与头发颜色区分开来，那么可以考虑将服装画成深灰色，如图8-70所示。再新建图层，在衣服上方加入一些简单的图案，画完后降低整个图层的不透明度，这样会显得更为自然。

图8-70

提示

画服装花纹时选用肌理非常明显的笔刷即可。边缘粗糙不平，选择"朦胧2"笔刷、"纹理笔刷"均可。

8.4.4　刻画主体

细化头发和五官，衣服做简单的处理。头发受光面的部分要表现得更强烈一些，可以画一些明度很高的线条做细化。五官刻画完整后，使用涂抹笔刷，将头发挡住

的五官部分做虚化处理，拉开对比以及主次关系，把视觉中心点放在脸部中心，如图8-71所示。

图8-71

这里没有处理背景，因为人物的细节过多，单色调背景就会显得整体画面干净且有层次，如果想给画面加入背景，注意色调要和谐，如图中头发和衣服都是冷色调，如果背景采用暖色系颜色就会显得格格不入。

 提示

先使用"皮肤纹理"笔刷描绘雀斑，再使用"阴影笔刷"加重其中几颗即可。